辽宁省教育厅科研项目(lnqn202010,LJZ2016014)资助
辽宁省科技厅自然科学基金(2019ZD0671,201501069)资助

# SBR 污水反硝化除磷技术

李 微 祝 雷 著

中国矿业大学出版社
·徐州·

## 内 容 提 要

本书以作者十多年的研究成果和工程实践为基础,对 SBR 反硝化除磷与过程控制的基本理论和试验研究等内容进行了较系统的归纳和总结,并通过大量的试验数据,重点阐述了 SBR 反硝化除磷机理、技术及系统稳定性控制方案与策略。全书共 6 章,主要介绍 SBR 法的发展;反硝化除磷法的发展、原理与工艺研究;短程硝化-反硝化除磷效果与微生物特性研究;基于 FNA 胁迫的 SBR 反硝化除磷研究;A²-SBR 反硝化除磷系统稳定运行及菌剂处理效果研究;铁碳微电解颗粒优化 SBR 反硝化除磷研究。

本书全面总结了 SBR 反硝化除磷关键技术要点和最新研究进展,既可以作为污水处理领域设计和运行人员培训教材,也可以作为相关科研人员及高等院校给排水科学与工程和环境工程专业师生的参考书。

**图书在版编目(C I P)数据**

SBR 污水反硝化除磷技术/李微,祝雷著. —徐州:中国矿业大学出版社,2022.6

ISBN 978 - 7 - 5646 - 5421 - 4

Ⅰ. ①S… Ⅱ. ①李… ②祝… Ⅲ. ①污水处理—SBR 工艺 Ⅳ. ①X703

中国版本图书馆 CIP 数据核字(2022)第 098248 号

| | |
|---|---|
| 书　　名 | SBR 污水反硝化除磷技术 |
| 著　　者 | 李　微　祝　雷 |
| 责任编辑 | 李　敬 |
| 出版发行 | 中国矿业大学出版社有限责任公司 |
| | (江苏省徐州市解放南路　邮编 221008) |
| 营销热线 | (0516)83885105　83884103 |
| 出版服务 | (0516)83883937　83884920 |
| 网　　址 | http://www.cumtp.com　**E-mail**:cumtpvip@cumtp.com |
| 印　　刷 | 徐州中矿大印发科技有限公司 |
| 开　　本 | 787 mm×1092 mm　1/16　**印张** 11.75　**字数** 230 千字 |
| 版次印次 | 2022 年 6 月第 1 版　　2022 年 6 月第 1 次印刷 |
| 定　　价 | 50.00 元 |

(图书出现印装质量问题,本社负责调换)

# 前　言

随着我国经济建设快速发展和人民生活水平显著提高,污染物排放总量日益增加,《2019 中国生态环境状况公报》显示我国河流、湖泊和水库等均存在不同程度的污染,其中湖泊、水库污染较为严重,水体富营养化加大了水处理难度和成本、影响水生态系统平衡、危害人们的生活和生产,水环境氮磷元素污染防治成为我国水污染防治的首要目标之一。"水十条"在全国各省市全面执行给污水治理行业提出更高的要求,国家"十三五"规划中提出城镇污水处理设施建设由"规模增长"向"提质增效"转变的新要求。因此,研发高效低耗污水脱氮除磷技术至关重要。

随着脱氮除磷理论与技术的不断创新与发展,反硝化除磷技术逐渐引起众多学者关注,因其具有同步脱氮除磷节约碳源和曝气量、减少污泥产量等优点在环境污染治理领域得到长足的发展。SBR 是一种序批式运行的活性污泥法,在单池同一空间内通过不同的运行状态实现脱氮除磷,具有流程简单、管理方便、占地面积小、基建投资省、处理效果好、处理成本低等突出优势,将在中小型污水处理中发挥越来越重要的作用。

笔者从事污水处理科研工作十余载,对污水脱氮除磷技术进行了较为深入的研究,积累了较为丰富的科研成果。在本书中,笔者对前期反硝化脱氮除磷技术研究成果进行了汇总,希望能够为污水处理理论与技术发展做出一点贡献,特别是为反硝化除磷技术的实际应用提供一些借鉴。全书共 6 章，第 1 章介绍 SBR 法的发展，第 2 章介绍反硝化除磷法的发展、原理与工艺研究，第 3 章介绍短程硝化-反硝化除磷效果与微生物特性研究，第 4 章介绍基于 FNA 胁迫的 SBR 反硝化除磷研究，第 5 章介绍 A²-SBR 反硝化除磷系统稳定运行及菌剂处理效果研究，第 6 章介绍铁碳微电解颗粒优化 SBR 反硝化除磷研究。

在本书撰写过程中，沈阳建筑大学低碳可持续污水处理技术创新团队的学术骨干李军、王宇佳、张立成及研究生高明杰、朱心雨、刘宁、孙慧智参加了相关课题的研究及书稿的部分编辑、图表制作与文献整理等工作，沈阳环境科学研究院工程师徐春萍和阳光城（辽宁）房地产开发有限公司高级工程师高原参与了课题研究及书稿编辑、校对，在此深表谢意。

本书在撰写过程中参考了一些相关文献资料，在此对文献的作者们表示衷心感谢。

由于笔者技术水平有限，书中某些论点虽经反复试验推敲，仍难免有不妥或疏漏之处，真诚希望业内专家、读者予以批评指正。

**著 者**

2021 年 10 月

# 目　　录

# 第 1 章 SBR 法的发展

## 1.1 SBR 法的发展沿革

### 1.1.1 污水生物处理技术发展进程

污水生物处理技术兴起于 1900 年,最初的处理对象也只是水中的悬浮物 (suspended solids,SS);发展到 20 世纪 70 年代,污水处理的主要去除对象是有机污染物,去除生化需氧量(biochemical oxygen demand,BOD)、化学需氧量 (chemical oxygen demand,COD)、悬浮物(SS)等。20 世纪 80 年代后期,由于经济快速发展,工业发展进程日益加快,环境污染问题变得日趋严重[1],N、P 等营养元素对环境的威胁越来越大,一些缓流河道、湖泊甚至海湾都出现了富营养化状况,对于 N、P 等元素的去除已成为污水生物处理技术的主要攻克方向。随着机械制造和电气工程的革新,水污染治理工艺技术也以较为传统的污水处理技术为基础开辟了新的途径,以厌氧/缺氧/好氧(anaerobic/anoxic/oxic,A$^2$O)、厌氧/好氧(anaerobic/oxic,A/O)等为代表的脱氮除磷工艺得到了较大的发展,二级生物处理技术也进入深度处理阶段,具有同步脱氮除磷功能。现有的城市污水处理厂对于多种物质均可进行处理,既包括 COD、BOD、SS,也包括 N、P 等营养元素[2]。

### 1.1.2 SBR 法的产生

序批式活性污泥法(sequencing batch reactor,SBR)是一种以间歇曝气方式运行的活性污泥污水处理技术,它的主要特点是在运行上的有序和间歇操作,SBR 技术的核心是 SBR 反应池集均化、初沉、生物降解、二沉等功能于一池,无污泥回流系统。SBR 法最早产生于 1914 年,已经过了 100 多年的发展与沉淀。最初的活性污泥法诞生于美国和英格兰,且最初采用的反应器就是序批式反应器。1914 年,Fowler 及他的学生首先采用 SBR 法处理城市污水,将池塘内的烂泥作为活性污泥,并对其进行曝气、沉淀,最终获得了较为干净的水。1920 年,Fowler 等在英格兰建造了 4 座 SBR 法污水处理厂,SBR 污水处理厂由此诞生。通过对 SBR 系统的工艺运行参数、影响因素等进行大量试验,对 SBR 系统进行深入理解,建立了 SBR 系统的运行方案。在随后的几十年内,受限于自动控制技术,SBR 法在污水处理系统中的应用并无进展[3]。

1959 年,随着自动控制技术的日益成熟,SBR 法又开始进入人们的视线,这一阶段被称为 SBR 法的复兴期。1951—1953 年,Hoover 首次尝试将牛奶工业废水用 SBR 系统进行处理;1959 年,SBR 工艺由 Pasveer 首次引入荷兰。Hoover 和 Pasveer 对于 SBR 系统的实际应用加速了 SBR 法的发展。1965—1975 年期间,SBR 法的多种变形工艺逐渐发展起来。1971 年,SBR 这个术语由 Irvine 在工业废物管理大会上首次提出。1979 年,Dennis 和 Irvine 发现呈絮状的生物体快速生长的条件可以通过控制反应时间与进水时间的比值进行调节。这是 SBR 法发展进程中一个重要的里程碑,此项发现证明了即使在静态进水的条件下,也能够创造一个适于微生物生长繁殖的空间,并且可以抑制污泥膨胀。随着对 SBR 法在工艺设计和运行管理上不断完善和改进,以及对生物反应和净化机理的研究不断深入,SBR 工艺发展迅速,处理效果不断提高,工艺方法也越来越多,在世界范围内 SBR 法开始得到越来越广泛的应用。1985 年,我国第一座 SBR 法污水处理厂在上海吴淞肉联厂落成;1990 年,第一本 SBR 法的设计指南在日本出版。

1990 年为 SBR 发展阶段的一个分水岭,此后 SBR 法进入发展期。世界上占地面积最大的 SBR 法污水处理厂于 2007 年在马来西亚建成,其平均日处理量高达 200 万 t[4-5]。随着 SBR 法在世界范围内的普及,截至 2010 年我国 40% 的城镇污水处理厂采用了 SBR 工艺。目前 SBR 法已在全世界范围内成为污水处理系统的主流污水处理工艺。

# 1.2 SBR 法的基本原理及特点

## 1.2.1 SBR 法的运行方式

序批式活性污泥法是活性污泥法中的一种,也可称为序批式反应器法,污水处理在序批式反应器中完成。之所以称为序批式是因为其在运行操作的空间上以及时间上都是按顺序排列的[6]。SBR 工艺运行周期大体分为 5 个阶段,分别为进水阶段、反应阶段、沉淀阶段、排水阶段和闲置阶段。

(1)进水阶段。

进水阶段是在反应池中接受污水的阶段。运行周期从废水进入反应器开始。进水时间根据设备及处理目标进行确定。污水开始流入前为上一个周期的排水,与传统的活性污泥工艺中的污泥回流相类似。此时反应槽内水位较低。反应槽的排水系统在进料时间内一直关闭,或一直保持在最高水位。

（2）反应阶段。

当废水被注入达到预定的体积时,为达到反应目的需进行曝气或搅拌。发生反应的性质取决于进水和反应阶段所建立的环境条件。

（3）沉淀阶段。

SBR 法沉淀阶段的作用与传统活性污泥工艺中的二次沉淀池相类似。在此阶段要停止通气与搅拌,并进行重力沉淀及分离上清液。

（4）排水阶段。

处理后的水在沉淀阶段进行泥水分离并排出反应器,存在于反应器底部的污泥在下一个处理循环中主要用作回流污泥。

（5）闲置阶段。

排水后到下一个周期开始的时期称为闲置阶段,又称为待机过程,按要求搅拌或曝气。在厌氧条件下,搅拌不仅可以节约能源,而且还有助于保持污泥的活性。闲置阶段的主要功能是提高每个运行周期的灵活性,其时间长短可以根据系统的需要而变化。闲置阶段后又开始新一轮的进水,5 个阶段如此往复循环。

## 1.2.2　SBR 新型工艺介绍

SBR 法在近年来发展迅速并得以广泛应用,为解决传统 SBR 工艺的局限性,可将 SBR 法与其他处理工艺相结合对污水进行处理,目前常见的工艺有以下几种。

### 1.2.2.1　ICEAS 工艺

与传统 SBR 工艺相比,间歇式循环延时曝气活性污泥法(intermittent cycle extended aeration system,ICEAS)的最大特点是在反应器入口端增加了一个预反应区,图 1.1 为 ICEAS 反应器构造图。运行方式为连续进水(沉淀排水期连续进水),间歇排水,无明显反应期和空闲期。污水从预反应区以很低的流速进入主反应区,对主反应区的泥水分离没有明显影响。该系统在处理城市污水和工业废水方面比传统 SBR 系统更经济、更方便管理。其主要缺点是容积利用率不够高,反应池未充分利用;曝气设备长期闲置;另外,由于进水贯穿整个运行周期的各个阶段,沉淀期主反应区底部进水引起的水力扰动影响了泥水分离时间,因此进水受到一定程度的影响,通常水力停留时间较长[7]。序批式氧化沟已发展为 ICEAS 工艺。序批式氧化沟工艺连续进水和间歇出水,在沉淀和排水过程中会与池内处理水混合,影响出水水质。Goronszy 教授从连续进水和间歇运行的氧化沟工艺开始研究变容积污泥法,通过将反应池入口段与墙分离来减少混合,并将污水处理方法称为 ICEAS 工艺。在此基础上,美国 ABJ 公司与澳大利亚南威尔士大学于 1976 年建成了世界上第一座 ICEAS 工艺污水处理厂。1986 年,美国国家环境保护局正式批准 ICEAS 工艺为一种创新的替代工艺(I/a)。1987 年,澳大利亚昆士兰大学和美国、南非等地的专家对该工艺进行了改进,使其具有良好的脱氮除磷效果,使废水达到三级处理的要求。1988 年,澳大利亚必和必拓公司收购了 ABJ 公司,在计算机技术的支持下,对该工艺进行发展和推广,使其成为当时计算机控制系统中最先进的废水生物脱氮除磷工艺。

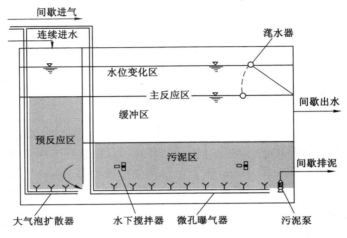

图 1.1　ICEAS 反应器构造图

在我国,ICEAS 工艺首次应用于上海第三制药厂,并于 1991 年投入使用。昆明市第三污水处理厂也采用了该工艺。虽然该工艺具有连续进水的优点,使其在大中型污水处理中的应用得以实现,但其延迟曝气的缺点使其污泥负荷很低,这使得 ICEAS 工艺投资少、无初沉池、无二沉池、无污泥回流设备等优点在实际工程中没有得到体现,在我国的实际应用中受到限制。

### 1.2.2.2　CASS 工艺

周期循环式活性污泥法(cyclic activated sludge system,CASS)是近年来公认的处理生活污水及工业废水的先进工艺。图 1.2 为 CASS 反应器构造图。CASS 工艺将 SBR 反应池沿长度方向分为两部分,前部为预反应区,后部为主反应区。在主反应区后部安装升降式滗水器,实现连续进水和间歇排水的周期循环,集曝气沉淀和排水于一体[8]。CASS 工艺是一个厌氧/缺氧/好氧交替运行过程,废水以推流方式运行,各反应区以完全混合的形式运行,实现同步硝化反硝化和生物除磷。1978 年,Goronszy 教授以活性污泥基质再生理论为基础,根据底物去除和污泥负荷的试验结果,以及污泥活性成分与污泥呼吸速率的关系,开发了 CASS 工艺,并于 1984 年和 1989 年获得多个国家的专利[9]。CASS 技术在澳大利亚和美国发展迅速,澳大利亚的 Quakers Hill 污水处理厂共有 5 组 CASS 池,黑岩污水处理厂建有 4 组 CASS 池;美国邓迪污水处理厂和 Portage-Catawba 污水处理厂采用 CASS 反应器同步生物脱氮除磷,最大日处理能力达 21 万 m³。截至 2013 年年末,该工艺已广泛应用于城市污水和工业废水的处理,有 400 多座不同规模的 CASS 污水处理厂投入运行。

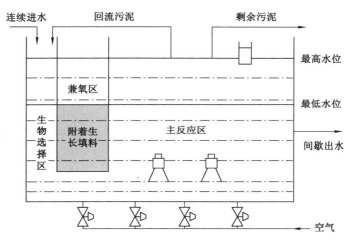

图 1.2　CASS 反应器构造图

### 1.2.2.3　DAT-IAT 工艺

需氧池串联间歇曝气池(demand aeration tank and intermittent aeration tank,DAT-IAT)组成的污水处理工艺平面布置图如图 1.3 所示。DAT 池进水并连续曝气,然后进入 IAT 池完成曝气、沉淀、灌溉和剩余活性污泥的去除。该法介于传统活性污泥法和典型 SBR 法之间。它既具有 SBR 活性污泥法的灵活性,又具有传统活性污泥法的连续性,适用于水质水量变化较大的情况。

DAT-IAT 工艺是 SBR 法继 ICEAS 工艺之后发展起来的一种新工艺。由于 ICEAS 工艺容积利用率一般小于 60%,反应池未充分利用,曝气设备长期闲置,为了提高反应池及曝气设备的利用率,开发了 DAT-IAT 工艺。澳大利亚是第一个研究和应用这项技术的国家[7]。反应罐通过导流墙分为两个大小相等的罐。污水连续进入 DAT 池,在池中不断曝气,然后以层流速度通过导流墙进入 IAT 池。整个反应罐容积利用率可达到 66.7%,减少了罐容和施工成本。为了达到脱氮除磷的目的,需要增加缺氧和厌氧周期,延长运行周期。

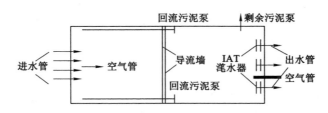

图 1.3　DAT-IAT 平面布置图

### 1.2.2.4　UNITANK 工艺

　　一体化活性污泥系统 UNITANK 是 Interbrew 和 Luuven 在 SBR 工艺和三沟氧化沟的基础上开发出来的。1989 年,比利时 Seghers 环境工程公司首次拥有这项技术,称其为 UNITANK,并于 1995 年开始推广应用[10]。该系统类似于 SBR 工艺的另一种变体——三沟氧化沟的运行方式。UNITANK 工艺示意图如图 1.4 所示。它综合了 SBR 法、传统曝气活性污泥法和三沟氧化沟系统的优点,克服了 SBR 法间歇进水、普通曝气池法设备复杂、三沟氧化沟法占地面积大的缺点,一体化设计,可在恒定水位下连续运行[11]。大量的研究和应用表明,UNITANK 系统已成为一种便捷、高效、灵活、成熟的污水处理工艺[12],并已广泛应用于世界各地的各类工业污水处理中。在我国,澳门污水处理厂、石家庄污水处理厂、石洞口污水处理厂以及佛山和坪山污水处理厂均采用 UNITANK 系统。

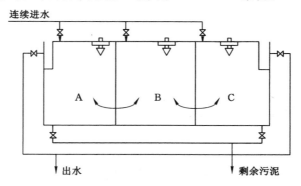

图 1.4　UNITANK 工艺示意图

### 1.2.2.5　MSBR 工艺

　　改良型序批反应器(modified sequencing batch reactor,MSBR)工艺是 20 世纪 80 年代初发展起来的一种污水处理工艺。该工艺是杨国强等人在 A²/O 工艺的基础上,结合 SBR 工艺的特点和絮凝理论而开发的[13]。图 1.5 为 MSBR 系统构造示意图。反应器由曝气格栅和两个交替顺序间歇装置组成。主曝气格栅在整个运行周期内保持连续曝气,两个序批式处理网格在每个半周期交替充当 SBR 和澄清器。MSBR 不需要初沉池和二沉池,可以在满反应器和恒定液位的条件下连续运行[14]。采用单池多网格模型,结合传统活性污泥法和 SBR 法的优点。它不仅不需要间歇流动,而且节省了多罐工艺所需的连接管、泵和阀门。SBR 工艺可与其他工艺相结合,形成选择性高、处理量大、稳定性强的污水处理系统。

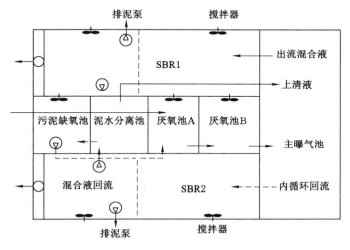

图 1.5　MSBR 系统构造示意图

### 1.2.2.6　ASBR 法

厌氧序批式反应法(anaerobic sequencing batch reactor,ASBR),即厌氧 SBR 法,是 20 世纪 90 年代由 Richard 教授在厌氧活性污泥法研究的基础上提出并开发的一种新型高效厌氧反应器[15-17]。ASBR 法采用一种间歇式非固定厌氧生物反应器,每个运行周期可分为进水、反应、沉淀、排水和备用 5 个阶段。与传统 SBR 法比较,ASBR 工艺在厌氧状态下运行[18]。ASBR 的研究主要集中在3 个方面:ASBR 的快速启动;温度对其影响;各种有机废水和废弃物的应用基础及研究[19]。在实际工程应用中,美国于 1999 年建立了 ASBR 处理猪场废水的中试系统,该系统能在 5～35 ℃范围内稳定运行,周期为 8 h。同年,我国建立了 DAF-ASBR 组合工艺处理高浓度香料工业废水[20-21]。

### 1.2.2.7　BSBR 工艺

生物膜序批式反应器(biofilm sequencing batch reactor,BSBR)工艺是 SBR 法与接触氧化法相结合的一种新型生物膜工艺[22]。它结合了 SBR 法和接触氧化法的优点,对污废水处理效果较好。与 A²O 法、AB 法和氧化沟法相比,BSBR工艺非常适合于生活污水和中小型工业废水的处理。早在 1990 年,该工艺已应用于我国印染废水和皮革废水的处理,取得了良好的处理效果[23]。

### 1.2.2.8　二级 SBR 系统

单级 SBR 工艺是对废水中有机物进行缺氧、好氧、厌氧的同时处理工艺,但发现在相同的操作条件下,当易降解有机物完全降解时,较难降解的有机物几乎不会被降解[24-25]。针对这种情况,参照吸附-生物降解工艺(AB 法)的基本思路,在两个系列的 SBR 中,分别培养出适合不同有机物的特定细菌,使不同的有机物在相应的生化条件下得到充分降解[26],从而产生二级 SBR 工艺。自 20 世纪 90 年代,二级 SBR 逐渐应用于实际水处理工程[27]。

蔡木林等[28]进行了二级 SBR 法处理高浓度氨氮化工废水研究,该二级 SBR 工艺主要由反硝化 SBR 和硝化 SBR 反应器组成,对进水水质和运行工况具有良好的适应性,能有效去除废水中的污染物。付莉燕等[29]研究了处理染料废水的二级 SBR 系统长期运行的稳定性,该二级 SBR 系统由好氧 SBR 和厌氧 SBR 反应器组成,厌氧污泥活性高,降解污染物能力强;好氧活性污泥形成团簇结构,有利于稳定出水水质。

### 1.2.2.9　三级 SBR 系统

三级 SBR 是 SBR 工艺的一个重要发展方向。SBR 法作为一种运行控制方法,可以与其他工艺形式相结合,形成高选择性、高稳定性、高效率的生化处理系统[30]。Jones 于 1990 年研究了三级 SBR 系统,在中试研究中,将两种 SBR 反应器与生物膜反应器进行结合,第一阶段为脱碳 SBR,去除高负荷有机物,第二阶段为生物滴滤器,进行硝化过程,最后是反硝化 SBR。这种组合大大提高了整个系统的灵活性,与传统 SBR 相比,总曝气时间缩短,能耗大大降低,总氮去除率保持在 75% 以上。

# 1.3　SBR 法的特点

## 1.3.1　SBR 法的优点

(1)运行操作具有灵活性,出水效果稳定。

在运行过程中,可根据废水量、水质的变化和出水水质的要求,调整各工艺的运行时间、反应器内混合液体积的变化及运行的状态,即通过对时间的有效控制达到不同出水要求,具有很强的灵活性。根据不同出水要求,可设置不同的曝气时间,运行可靠,出水效果稳定。

(2)工艺流程简单,运行费用低。

SBR 系统结构小、简单、易于自动控制,占地面积小,节省投资。SBR 基本工艺均在一个反应器内完成,因此原则上 SBR 的主要工艺设备只有一个反应器,与普通活性污泥法相比,不需要二沉池、回流污泥及其设备,一般不需要设置调节池和初沉池。如果 SBR 采用有限曝气方式运行,曝气反应初期池内溶解氧浓度梯度较大,氧利用率也较高;在缺氧条件下,微生物可以有效地从硝酸盐中获取氧,也节省了氧气的充盈量。这些因素使得 SBR 的运行成本相对较低。

(3) 耐冲击负荷能力强,反应推动力大。

处于充水阶段的 SBR 池类似于均化池,在不降低出水水质的前提下,可承受洪峰流量和有机物浓度的冲击负荷,特别是无限制曝气运行方式可以大大提高 SBR 处理有毒有机废水的能力。SBR 法虽然在时间上是比较理想的推流式,但从反应器本身的混合状态来看,它仍然是典型的完全混合型,具有抗冲击负荷和反应驱动力大的优点。另外,较其他方法 SBR 工艺更容易保持较高的污泥浓度,这也提高了其抗冲击负荷能力。

(4) 同步脱氮除磷,不增加反应器。

SBR 工艺的时序性和高度的灵活性为脱氮除磷提供了独特的条件,即 SBR 工艺可在时间序列上分别提供缺氧、厌氧、好氧 3 种环境条件,缺氧条件下提供反硝化作用,厌氧条件下提供磷的释放,硝化作用和好氧条件下过量吸收磷能有效去除氮磷。SBR 法在一个反应器中同时去除有机物、氮和磷的独特优势是其受到广泛关注和应用的主要原因之一。

(5) 有效防止污泥膨胀。

在 SBR 工艺中,通过基质抑制丝状菌的过度生长,使琼脂族细菌在系统中处于竞争优势。有限曝气 SBR 反应阶段是一种理想推流状态,即有机物浓度存在较大的梯度,有利于细菌胶束的增殖,抑制丝状菌的生长。因此,曝气量有限的 SBR 反应器最不易出现污泥膨胀。

(6) 静止沉淀效果好。

SBR 法的沉降是在理想的静态沉降条件下进行的,不受进出流的干扰,避免了短流和异重流的发生。因此,其固液分离效果较好,出水容易得到澄清。剩余污泥含水率低,浓缩污泥固体含量可达 2.5%～3%,为后续污泥处置提供了良好的条件。

## 1.3.2　SBR 法存在的问题

(1) 容积利用率低。

由于 SBR 法的水位不是恒定的,反应器的有效容积应按最高水位设计,大多数情况下反应器内的水位达不到这个值,反应器容积利用率较低。

(2) 水头损失较大。

由于 SBR 池中的水位不是恒定的,如果靠重力流入后续的构筑物,后续构筑物与 SBR 池的位差较大,特殊情况下需要泵进行二次提升。不连续出水需要后续构筑物容积大,有足够的接受能力。另外,由于 SBR 工艺出水不连续,很难与其他连续处理工艺相衔接。

(3)适用污水处理厂规模受限。

采用 SBR 工艺的污水处理厂规模一般在 20 000 t 以下,规模大于 100 000 t 的污水处理厂几乎没有采用 SBR 工艺的。

(4)峰值需氧量高。

SBR 工艺属于实时推流工艺,也存在推流工艺的缺点。一开始污染物浓度高,需氧量也很高,根据这个值来确定曝气量,但是污染物浓度会随着时间的推移而降低,需氧量也会随之下降,因此整个系统中的氧气利用率较低。

(5)设备利用率低。

当多个 SBR 反应器并联运行时,在不同的时间里每个反应器分别起到进水调节池、曝气池或沉淀池的作用,但每个反应器都需要配备一套曝气系统、滗水系统等相应的设备,且每个反应器交替运行,故设备利用率很低。

# 参 考 文 献

[1] 彭永臻. SBR 法污水生物脱氮除磷及过程控制[M]. 北京:科学出版社,2011.

[2] 张近. 化工基础[M]. 北京:高等教育出版社,2002.

[3] 王凯军,宋英豪,崔志峰. SBR 反应器发展的现状和趋势[J]. 中国环保产业,2005(2):19-22.

[4] 王淑莹,顾升波,杨庆,等. SBR 工艺实时控制策略研究进展[J]. 环境科学学报,2009,29(6):1121-1130.

[5] 胡筱敏. 污水生物脱氮技术[M]. 北京:化学工业出版社,2019.

[6] PETER A W,ROBERT L I,MERVYN C G. Sequencing batch reactor technology[M]. London:IWA Publishing,2001.

[7] 羊寿生. 一体化活性污泥法 UNITANK 工艺及其应用[J]. 给水排水,1998,24(11):16-19.

[8] 柏景方. 美国 CASS 法城市废水处理技术[J]. 国外环境科学技术,1995,20(1):33-35.

[9] 张忠祥,钱易. 废水生物处理新技术[M]. 北京:清华大学出版社,2004.

[10] 许保玖,龙腾锐. 当代给水与废水处理原理[M]. 2 版. 北京:高等教育出版社,2000.

[11] SCHLEYPEN P,MICHEL I,SIEWERT H E. Sequencing batch reactors

with continuous inflow for small communities in rural areas in Bavaria
［J］. Water science and technology,1997,35(1):269-276.

［12］HELMREICH B,SCHREFF D,WILDERER P A. Full scale experiences
with small sequencing batch reactor plants in Bavaria［J］. Water science
and technology,2000,41(1):89-96.

［13］严煦世. 水和废水技术研究［M］. 北京:中国建筑工业出版社,1992.

［14］ WHITE D M, SCHNABEL W. Treatment of cyanide waste in a
sequencing batch biofilm reactor［J］. Water research,1998,32(1):
254-257.

［15］北京水环境技术与设备研究中心,北京市环境保护科学研究院,国家城市
环境污染控制工程技术研究中心. 三废处理工程技术手册［M］. 北京:化学
工业出版社,2000.

［16］周霍. SBR 工艺的分类和特点［J］. 给水排水,2001,27(2):31-33.

［17］张自杰. 废水处理理论与设计［M］. 北京:中国建筑工业出版社,2003.

［18］彭永臻. SBR 法的五大优点［J］. 中国给水排水,1993,9(2):29-31.

［19］李丛娜,吕锡武,稻森悠平. 同步硝化反硝化脱氮研究［J］. 给水排水,2001,
27(1):22-24.

［20］路平,白向玉,冯启言,等. SBR 法厌氧氨氧化脱氮的试验研究［J］. 环境科
学与技术,2007,30(增刊):175-177.

［21］冯少茹. SBR 脱氮除磷工艺分析及研究进展［J］. 科技创新导报,2010
(34):27.

［22］王建伟,傅敏,周丽. SBR 工艺除磷研究进展［J］. 重庆工商大学学报(自然
科学版),2006,23(4):380-383.

［23］JONES W L,WILDERER P A,SCHROEDER E D. Operation of a three-
stage SBR system for nitrogen removal from wastewater［J］. Research
journal of the water pollution control federation,1990,62(3):268-274.

［24］王晓辉. SBR 工艺脱氮除磷的影响因素及研究进展［J］. 科技资讯,2008
(1):11-12.

［25］杜英豪. MSBR 工艺的运行管理实践［J］. 中国给水排水,2006,22(2):
90-92.

［26］彭永臻,高凯,余政哲. 两段 SBR 法处理石油化工废水［J］. 给水排水,
1996,22(6):26-28.

［27］陈国喜,詹伯君. SBR 生化系统的应用及其发展［J］. 环境科学进展,1998,6
(2):35-39.

［28］蔡木林,江跃林,裴健,等.二级 SBR 法处理高浓度氨氮化工废水研究［J］.应用与环境生物学报,2000,6(6):581-585.

［29］付莉燕,文湘华,钱易.二级 SBR 系统处理染料废水长期运行的稳定性［J］.环境科学,2002,23(1):50-53.

［30］蒋山泉,汤琪,郑泽根.三级 SBR 除磷脱氮工艺处理生活污水［J］.重庆大学学报(自然科学版),2007,30(3):125-127.

# 第 2 章　反硝化除磷法的发展、原理与工艺研究

## 2.1　反硝化除磷法的提出和发展

### 2.1.1　反硝化除磷理论的提出

20 世纪 70 年代,一种缺氧条件的新型除磷工艺渐渐出现在学者的视野中。Fuhs 等[1]的研究认为 *Acinetobacter* 不是唯一起到吸磷作用的菌属,反硝化菌也承担了部分的吸磷作用;Osborn 等进行硝酸盐异化还原研究,试验过程中发现在无氧条件下磷被快速吸收的现象,这表明某类反硝化菌可能同时具有除磷功能[2];Comeau 等[3]在 1986 年的小试研究中,发现了有一些聚磷菌(PAOs)能够以硝酸盐氮作为电子受体同时完成反硝化脱氮和除磷过程;1988 年,Vlekke 等[4]以硝酸盐氮代替常规的 $O_2$ 作为唯一的电子受体,利用厌氧/缺氧-SBR 工艺开展除磷效果研究,结果表明用硝酸盐氮作为电子受体进行反硝化除磷是可行的;1993 年,Kuba 等[5]发现以硝酸盐作为电子受体的 PAOs 的除磷性能并不比传统聚磷菌差,说明 PAOs 非专性好氧菌,存在部分 PAOs 在缺氧条件下可以利用硝酸盐作为电子受体同步反硝化吸磷,在厌氧/缺氧污水处理系统中证实 PAOs 同时也具有反硝化脱氮功能。反硝化除磷理论的提出为污水脱氮除磷提供了新的思路。反硝化除磷是指在厌氧/缺氧交替运行的环境下,驯化富集出一类以硝酸盐或亚硝酸盐为电子受体,通过自身生长代谢作用能够同时完成反硝化和过量吸磷作用的反硝化聚磷菌(denitrifying poly-phosphorus accumulating organisms,DPAOs),以期达到脱氮除磷的双重目的[6]。与传统生物强化除磷工艺相比,反硝化除磷工艺可节省 50% 的碳源,节省 30% 的曝气量,减少 50% 的剩余污泥产量[7-9],有效降低能量消耗,可称之为可持续污水处理工艺,因此受到高度关注。同时对于传统生物除磷工艺中出现的问题,如硝酸盐对厌氧释磷的影响、聚磷菌与硝化菌泥龄不统一等,反硝化除磷工艺也提供了解决新思路。

### 2.1.2 反硝化除磷理论的发展

在以硝酸盐为电子受体的反硝化除磷工艺的研究中发现,亚硝酸盐作为生物硝化和反硝化过程的中间产物同样存在于生物脱氮除磷系统中。亚硝酸盐具有毒性,浓度过大会对微生物的生长代谢有一定的抑制作用,进而可能影响到生物除磷系统的运行稳定性。因此,众多学者针对亚硝酸盐是否可以作为电子受体及其在强化生物除磷系统中的影响和作用进行了广泛探讨和深度研究。1999 年,Meinhold 等[10]证实在缺氧条件下低浓度的亚硝酸盐完全可以作为电子受体达到除磷目的;2001 年,Lee 等[11]研究发现,驯化后的反硝化聚磷菌以亚硝酸盐作为电子受体的吸磷速率甚至高于硝酸盐,并且菌种的驯化程度决定了亚硝酸盐的利用效率。随着各项研究的不断深入,逐渐形成反硝化除磷理论体系。对于反硝化除磷现象,学者们对于 PAOs 提出三类假说[12]。

(1) 反硝化除磷的"一类菌属学说"。

一类菌属学说,即在生物除磷系统中只存在一类 PAOs,它们在一定程度上都具有缺氧吸磷能力,其能否表现出来的关键在于厌氧/缺氧这种交替环境是否得到了强化。只有给 PAOs 创造特定的厌氧/缺氧交替环境以诱导出其体内具有反硝化除磷作用的酶,才能使其具有反硝化除磷能力。

(2) 反硝化除磷的"两类菌属学说"。

两类菌属学说,即生物除磷系统中的 PAOs 可分为两类菌属,一类 PAOs 只能以 $O_2$ 作为电子受体,一类则既能以 $O_2$ 又能以 $NO_3^-$ 作为电子受体,后一类 PAOs 在缺氧环境下能在进行反硝化脱氮的同时进行吸磷。

(3) 反硝化除磷的"三类菌属学说"。

Hu 等[13]在研究中发现一种聚磷菌可以同时以 $O_2$、$NO_3^-$、$NO_2^-$ 作为电子受体进行除磷,因此他将反硝化除磷的"两类菌属学说"扩增到三类,即第三类 PAOs 同时可以 $O_2$、$NO_3^-$、$NO_2^-$ 作为电子受体发生反硝化除磷作用。通过从电子受体角度对反硝化除磷现象进行大量研究,使反硝化除磷理论体系得到了完善与发展,在分子水平进入了一个新的阶段。

### 2.1.3 短程反硝化除磷研究现状

短程反硝化除磷工艺即以亚硝酸盐氮为电子受体的反硝化除磷工艺。在目前的研究中学者们通常认为亚硝酸盐具有毒性甚至会抑制缺氧吸磷作用,但发生抑制作用的阈值浓度至今还未有定论。Meinhold 等[14]进行了短程反硝化除磷的试验研究,结果表明亚硝酸盐浓度低于 5 mg/L 不会抑制缺氧吸磷作用,可以作为 DPAOs 的电子受体;当亚硝酸盐浓度大于 8 mg/L 时,发生抑制 DPAOs 缺氧吸磷现象。Saito 等[15]在好氧阶段加入亚硝酸盐氮,当其浓度达到 2 mg/L

时,发生部分抑制现象,当浓度大于 6 mg/L 时,好氧吸磷完全停止;在缺氧段投加的亚硝酸盐氮浓度大于 12 mg/L 时,缺氧吸磷被完全抑制。结果表明亚硝酸盐氮对好氧吸磷的抑制作用明显高于缺氧吸磷。Ahn 等[16]利用 SBR 反应器以生活污水为研究对象,发现亚硝酸盐氮的浓度达到 40 mg/L 时仍未对短程反硝化除磷过程发生抑制作用。

我国学者王爱杰等[17]在 2005 年采用 SBR 反应器,以亚硝酸盐氮为电子受体,探讨了在厌氧/缺氧交替运行的条件下短程反硝化除磷的可行性及亚硝酸盐氮浓度对系统运行的影响。研究结果表明,亚硝酸盐氮可以作为除磷电子受体,进水亚硝酸盐氮浓度在 55 mg/L 时仍未抑制缺氧吸磷,浓度为(35±5) mg/L 时系统运行效果最佳。2007 年,黄荣新等[18]对亚硝酸盐氮在缺氧反硝化吸磷中的影响进行大量烧杯试验研究,结果表明亚硝酸盐氮浓度低于 25 mg/L 时不会产生抑制作用,可以作为 $O_2$ 和 $NO_3^- $-N 的替代电子受体,但是当浓度高于 30 mg/L 时,严重抑制了短程反硝化缺氧吸磷作用。2008 年,李相昆等[19]通过静态烧杯试验,研究了不同亚硝酸盐氮浓度下 DPAOs 的反硝化吸磷能力。试验结果表明,亚硝酸盐氮浓度不高于 37.5 mg/L 时 DPAOs 可以完成短程反硝化吸磷过程,高于此浓度则会发生抑制;但是经过驯化后的 DPAOs 在亚硝酸盐氮浓度提升至 75 mg/L 时仍旧可以利用其作为电子受体完成短程反硝化除磷,且对吸磷速率没有影响。

亚硝酸盐对除磷系统的抑制机理尚处于研究之中。亚硝酸盐能够抑制 PAOs 的好氧吸磷、底物氧化磷酸化、物质主动运输等作用,从而对除磷系统造成严重影响。Pijuan 等[20]的研究表明,PAOs 的同化作用(微生物的生长、磷的吸收、糖原质的补给)和异化作用(PHA 的氧化)均不同程度地受到亚硝酸盐的影响,且异化作用受抑制程度相对同化作用要小。近期研究发现,在亚硝酸盐的水溶液中真正对微生物代谢起抑制作用的为游离亚硝酸 FNA,其为亚硝酸盐的质子化形态,能够自由地穿过细胞膜。针对亚硝酸盐氮作为电子受体进行反硝化除磷问题,水处理方面的专家和学者都展开了广泛研究[21-22],但是由于短程反硝化聚磷菌对环境因素尤其敏感,各研究发生的环境条件各不相同,缺少稳定性研究,因此当前关于短程反硝化除磷工艺的研究依然处在理论研究阶段。

## 2.2　反硝化除磷法的理论基础

### 2.2.1　传统生物除磷

目前,广泛被国际所认可的微生物除磷技术理论是"聚合磷酸盐积累微生物"（poly-phosphate accumulating organisms，PAOs）的释磷/摄磷原理[23]。传统生物除磷技术是利用聚磷菌（PAOs）在厌氧条件下释磷，在好氧条件下超量吸磷，通过剩余污泥的排放达到除磷的目的[24-26]。在厌氧状态下，PAOs 首先将污水中的溶解性碳源有机物转化为挥发性脂肪酸（VFA），并以聚羟基烷酸（PHA，包括聚 $\beta$ 羟基丁酸酯 PHB 和聚羟基戊酸酯 PHV）的形式储存在自身细胞内，该过程所需能量来自分解细胞内聚合物（主要为聚磷，少量为糖原），因此引起磷酸盐的释放，这就是厌氧释磷；在好氧状态下，PAOs 氧化分解体内储存的 PHB 产生能量，超量摄取废水中的正磷酸盐，合成为聚磷存储于体内，富磷污泥以剩余污泥的形式排放出去，实现磷酸盐的去除，这就是好氧吸磷[27-28]。

## 2.2.2　反硝化除磷

反硝化除磷工艺是反硝化聚磷菌（DPAOs）在厌氧/缺氧交替的运行条件下利用 $NO_3^- $-N 或 $NO_2^- $-N 作为电子受体实现反硝化脱氮除磷。与传统生物脱氮除磷工艺相比，该工艺具有运行费用低、能源消耗低、需氧量少等优点。

在厌氧条件下，乙酸以主动运输的方式进入 DPAOs 体内，由于这一过程消耗细胞体内的质子驱动力（PMF），需要分解胞内的 poly-P 以无机磷酸盐（$PO_4^{3-}$）的形式释放出去，以此来重建或恢复质子动力势[12,29-30]。乙酸进入细胞体内后以 PHB 的形式储存。一分子 PHB 由两分子的乙酰辅酶 A 在还原力的作用下生成，它是一种高分子聚合物，是由 $\beta$-羟基丁酸单体聚合而成的直链型脂质化合物[31]。PHB 需要还原力和能量（ATP）才能合成，其中多聚磷酸盐的降解可提供 ATP，糖原的降解和 TCA 的循环可产生还原力（NADH）。在厌氧条件下，DPAOs 胞内的 poly-P 水解，一部分能量转给 ADP 形成 ATP，为合成 PHB 提供能量，还有一部分能量被转给 GDP 生成 GTP，水解生成的正磷酸盐被排出体外。Mino 模型[31]指出是由胞内糖原的降解产生了 NADH。在厌氧条件下，糖酵解途径（EMP）将糖原降解为丙酮酸盐同时产生 NADH，丙酮酸盐一部分直接进入 TCA 循环最终转化为二氧化碳，一部分转化为乙酰辅酶 A 用于 PHB 的合成。Comeau 模型[32]认为 NADH 是在厌氧条件下由 TCA 循环产生的。但后来有研究者提出 DPAOs 在厌氧条件下只有部分 TCA 循环发挥作用。TCA 循环通过一系列氧化反应生成 NADH，又通过一部分还原反应生成乙酰辅酶 A[33]。

在缺氧条件下，DPAOs 利用 $NO_3^-$ 或 $NO_2^-$ 作为电子受体氧化胞内储存的 PHB 生成乙酰辅酶 A 作为微生物生长的能源和碳源并产生能量。ATP 一部分用于自身合成和维持生命活动，另一部分用于磷的吸收和 poly-P 的合成。为了使因为消耗 PHB 所产生的强大的质子流驱动力趋于稳定，DPAOs 会超量摄取溶液中的无机磷酸盐来合成 poly-P 储存在细胞体内,同时 $NO_3^-$ 或 $NO_2^-$ 被还原成 $N_2$ 排出体外,从而实现 DPAOs 反硝化除磷脱氮的效果[34]。$NO_2^-$ 虽然可作为反硝化除磷过程中的电子受体,但同时作为一种影响微生物生长和代谢的抑制剂对生物除磷也会产生负面影响,所以 $NO_2^-$ 在反硝化除磷过程中的浓度控制至关重要。

## 2.2.3　反硝化除磷中的功能酶

通常认为,反硝化聚磷菌的缺氧反硝化全过程包含以下 4 个步骤:$NO_3^- \rightarrow NO_2^- \rightarrow NO \rightarrow N_2O \rightarrow N_2$,分别由硝酸盐还原酶(Nar)、亚硝酸盐还原酶(Nir)、一氧化氮还原酶(Nor)和一氧化二氮还原酶(Nos)进行催化。在生物体内,有多种酶共同调控 poly-P 的合成和分解代谢,也就是它们操控着生物除磷过程,其中研究较为深入的是聚磷酶(PPK)和解磷酶(PPX),它们与 poly-P 的代谢密切相关,分别由 ppk 和 ppx 基因编码。下面按顺序对反硝化除磷过程中的功能酶进行简单介绍。

### 2.2.3.1　硝酸盐还原酶(Nar)

硝酸盐还原酶有两种存在形式:一种镶嵌于细胞膜内,称为膜结合硝酸盐还原酶 Nar(membrane-bound nitrate reductase),主要存在于厌氧反硝化菌的反硝化过程中;另一种游离于细胞膜外周质中,称为周质硝酸盐还原酶 Nap(periplasmic-bound nitrate reductase),主要存在于好氧反硝化菌的反硝化过程中。Bell 等[35]也证实了 *Thiosphaera pantotropha* 菌好氧反硝化中表达的硝酸盐还原酶的种类是周质硝酸盐还原酶。他们将 *Thiosphaera pantotropha* 菌分成细胞质膜和周质两部分,并且分别放在好氧和厌氧条件下进行培养研究。研究结果表明,膜结合硝酸盐还原酶对氧气分子的抑制作用敏感,并且只在厌氧状态下发挥作用,它可以在厌氧条件下优先表达;而周质硝酸盐还原酶的表达和酶活性对氧气分子的抑制作用不敏感,在有氧或无氧条件下它都可以发挥作用,并且会在有氧条件下优先表达。

国内外学者对硝酸盐还原酶的研究大多数都针对 $\gamma$ 变形杆菌的非反硝化细菌 *Escherichia coli* 的 Nar。Nar 结构基因最早完成测序是在 *E. coli*、*Bacillus subtilis* 和 *P. fluorescens* 中[36]。Nar 由 3 个亚基组成:① 催化 $\alpha$ 亚基,由 NarG 基因编码,含有 1 个钼辅因子;② 可溶性 $\beta$ 亚基,由 NarH 基因编码,含有 4 个 [4Fe-4S]中心;③ $\gamma$ 亚基,由 NarI 基因编码,含有 2 个 b 型血红素。Nap 是由 2 个亚单位(NapA、NapB)组成的二聚体,分别由 NapA 和 NapB 基因编码,NapA 包含钼辅因子催化亚基和 1 个[4Fe-4S]中心,NapB 是一种细胞色素 c[37]。也有研究发现了不含钼的硝酸盐还原酶[38]。

### 2.2.3.2 亚硝酸盐还原酶(Nir)

在反硝化过程中,由亚硝酸盐还原酶(Nir)催化亚硝酸盐转变成 NO,使水体中的氮转变为大气中的氮,在反硝化过程中起到了关键作用。Nir 分布于细胞壁与细胞膜之间,根据其辅基的不同,一般分为由 NirS 编码的血红素 cd1 型亚硝酸盐还原酶(cd1-Nirs)和由 NirK 编码的铜型亚硝酸盐还原酶(Cu-Nirs)[39]。它们分别以血红素 cd1 和 Cu 作为辅基[40]。通常因反硝化 Nir 类型具有排外性,NirS 和 NirK 虽然等价,但生态位分化导致每个菌体只能存在其中的一种[41]。

Cu-Nir:Cu-Nir 是同源三聚体,每个单体有两个铜中心,I 型和 II 型[42]。I 型 Cu 为电子进入位点,主要的电子供体为天青蛋白和假天青蛋白[43];II 型 Cu 为底物结合位点,受 His100、His135 和 His306 调控。电子从 I 型 Cu 中心,通过 Asp 和 His 的化学途径传递到 II 型 Cu 中心,还原 $NO_2^-$ 为 NO。有研究证实 *Thiosphoera panto-tropha*、*Bdellovibrio bacteriovorus*、*Chromobacterium violaceum*、*Pseudoalteromonas haloplanktis* 和 *Bacillus azotoformans* 中都存在 Cu-Nir[43]。此外,一些 *Neisseria* 菌中存在另一种位于外部膜的亚硝酸盐还原酶 AniA,为 Cu-Nir 的同源体[44]。

cd1-Nir:cd1-Nir 是一种 20KD 的二聚体 Nir,可催化 $NO_2^-$ 得到一个电子转变成 NO,使 $O_2$ 得到 4 个电子生成水[44]。细胞色素 cd1-Nir 为同二聚体周质蛋白质,每个单体上含有两个亚铁血红素基团,c 型和 d1 型[45]。其电子供体为天青蛋白、细胞色素 c551 或假天青蛋白,电子通过 c 型血红素传递到 d1 型血红素,$NO_2^-$ 结合在 d1 血红素上还原为 NO[45]。研究表明,许多菌中都可分离到细胞色素 cd1-Nir,包括 *Stenotrophomonas maltophilia*、*Pseudomonas aeruginosa*、*Thiosphaera pantotropha*、*Proteobacteria*、*Pseudomonas denitrificans* 和 *Paracoccus pantotrophus*[46]。

### 2.2.3.3 一氧化氮还原酶(Nor)

一氧化氮还原酶 Nor 是一种膜结合的细胞色素 bc 型酶。通过对 Nor 一级结构和空间结构的研究揭示,Nor 可以分为 2 种:cNor 和 qNor[36]。cNor 是异源二聚体寡聚酶,由 2 个亚基组成,小亚基 NorC 基因编码膜结合的 c 型细胞色素,大亚基 NorB 基因编码具有 12 个跨膜区的细胞色素 b 亚基[37]。这种酶可以用 c 型细胞色素作为电子供体。cNor 的一个 N-末端的区域固定在细胞膜上,其大小亚基编码基因分别为 cNorB 和 NorC。Philippot 等[47]已从施氏假单胞菌和脱氮副球菌等细菌中分离提纯出了一氧化氮还原酶。Nor 对 NO 的亲和力很高,当 NO 浓度维持在极低的水平时仍可进行催化作用,从而解除 NO 对细胞的毒害作用。但分离纯化后的 Nor 很不稳定,相关研究尚处于探索阶段。

#### 2.2.3.4　一氧化二氮还原酶(Nos)

根据目前研究,已发现的一氧化二氮还原酶是一种以 Cu 为活性中心的蛋白,位于细胞壁与细胞膜之间,能够将 $N_2O$ 还原为 $N_2$。一氧化二氮还原酶由含有 8 个 Cu 离子的 2 个相同亚基组成,编码一氧化二氮还原酶的 Nos 基因由 3 个转录单元组成:NosZ、NosR 和 NosDFYL,其中 NosZ 基因编码催化亚基[37]。Nos 每个亚基都包含 6 个 Cu 原子,且含有 2 个活性中心:一个是双核电子传递位点 CuA,另一个是四核催化位点 CuZ[48]。

#### 2.2.3.5　聚磷酶(PPK)

1957 年,Kornberg[49] 研究大肠杆菌细胞提取物时发现某种蛋白质可以将 ATP 末端的磷酸基团转移到多聚磷上,还能将多聚磷的末端磷酸基团转移回 ATP 上,而后将其命名为聚磷酶(polyphosphate kinase,PPK)。聚磷酶是生物体内 poly-P 代谢过程中的关键酶,它能够催化 ATP 末端的磷酸基团可逆地转移到长链多聚磷酸盐(poly-P)上,并形成长达 1 000 或更长的正磷酸盐线状或环状多聚物[50-51]。反应式如下:

$$ATP + (poly\text{-}P)_n \Longleftrightarrow ADP + (poly\text{-}P)_{n+1} \ (PPK)$$

迄今为止,国内外研究人员在上百种细菌体内分离纯化出了 PPK,但从真核生物体内分离纯化出 PPK 的研究不多[52]。Rao 等[53] 从假丝酵母(*Candida* sp.)和盘基网柄菌(*D. discoideum*)中发现了 PPK 的存在,他们研究发现盘基网柄菌的 PPK 具有 1 050 个氨基酸残基,而大肠杆菌的 PPK 只有 688 个氨基酸残基,且盘基网柄菌氨基端多出的 362 个氨基酸残基与大肠杆菌的 PPK 蛋白无同源性。由此可以推断,在蛋白结构上真核生物的 PPK 和原核生物的 PPK 存在差异性。Brown 等[54] 对大肠杆菌的 PPK 进行了结构分析,结果显示 PPK 是一个具有 4 个结构域的二聚体,其活性位点位于一个 ATP 结合口袋(ABP)的结构通道内,通道调节着 poly-P 的迁移。另外,研究还发现 ABP 有可能是 PPK 抑制因子的靶位点,一旦抑制因子与 ABP 结合就会破坏 PPK 二聚体结构致使 PPK 失活。Chouayekh 等[55] 认为在链霉菌的抗生素产生过程中,聚磷酶起负调控作用。他们构建了链霉菌突变株(敲除了 ppk 基因),将该突变株在 R2YE 固体培养基(添加 0.37 mmol/L $KH_2PO_4$)培养,发现放线紫红素产量明显增加。据推测,聚磷酶起负调控作用的原因是聚磷酶合成的多聚磷抑制了链霉菌抗生素合成途径中一些激活蛋白的表达或活化作用。Kameda 等[56] 将聚磷酶(PPK)和多聚磷-AMP 磷酸转移酶(PAP)结合起来设计了一种新的 ATP 再生系统。在反应中,ATP 从 AMP 再生了 39.8 次,而 99.5% 的辅酶 A 转换成了乙酰辅酶 A。由于该系统能将 GMP 再生成 GTP,因此也可以作为 GTP 再生系统。南亚萍等[57] 采用以 $A^2/O$ 和 A/O 方式运行的高效除磷反应器,对除磷过程中活性污泥的聚磷酶（PPK）活性、混合液中磷浓度和聚磷颗粒含量进行测定，研究发现PPK 活性与磷浓度和聚磷含量间并无明显的相关关系，且 PPK 并非生物除磷过程的关键限制性酶。

### 2.2.3.6 解磷酶（PPX）

1992 年，Akiyama 等[58]发现大肠杆菌 ppk 基因下游紧挨着一个基因（ppx），并与 ppk 位于相同的操作子上，对其进行克隆表达，发现该基因编码的蛋白质可以催化 poly-P 释放其末端磷酸基团如无机磷酸盐（Pi），于是就将该蛋白质命名为解磷酶（exopolyphosphatase，PPX），并且与 PPK 具有同源性。其反应式为：

$$(\text{poly-P})_n \rightleftharpoons (\text{poly-P})_{n-1} + (\text{Pi})_n (\text{PPX})$$

在生物除磷过程中，PPX 不断催化长链 poly-P（约 500 个磷酸基团）释放出无机磷酸盐基团直至出现焦磷酸盐（PPi），也可催化短链 poly-P（约 15 个磷酸基团）释放磷酸基团但催化效率不高[59]。研究发现酿酒酵母（S. cerevisiae）的PPX 可催化三聚磷酸盐的水解，大肠杆菌具有两个 PPX：PPX1 和 PPX2（也就是 GPPA，鸟苷五磷酸磷酸水解酶）。

1962 年，Liss 等[60]发现 Saccharomyces cerevisiae（啤酒酵母）里含有非常丰富的 poly-P，含量占到菌体总磷含量的 40%。1994 年，Wurst 等[61]通过对S. cerevisiae 裂解后的上清液的分离得到具备解磷酶活性的蛋白质，命名为scPPX1，研究发现 scPPX1 具有的活性远比大肠杆菌解磷酶及 S. cerevisiae 中发现的其他解磷酶活性高得多。随后也有其他学者在 S. cerevisiae 体内其他结构内发现具有解磷酶活性的蛋白质。PPX1 晶体结构表明大肠杆菌的 PPX1 具有 4 个结构域（Ⅰ、Ⅱ、Ⅲ和Ⅳ），结构域Ⅰ和Ⅱ与超嗜热菌（A. aeolicus）的 PPX结构域Ⅰ和Ⅱ相似度较高，所不同的是大肠杆菌的这两个结构域处于紧密的"关闭状态"，而 A. aeolicus 处于"开放状态"[37]。这种差异可能与酶的活性相关，因为这两个结构域通过开闭程度调节酶与底物的结合[62-63]。A. aeolicus 的 PPX蛋白的晶体结构显示结构域Ⅰ和Ⅱ之间存在一个活性位点；而大肠杆菌 PPX 结构域Ⅰ和Ⅱ的交接处存在两个活性位点——poly-P 结合位点和阻挡核苷结合位点，这两个活性位点可调节信号素的水解[64-65]。

# 2.3 反硝化除磷的微生物学研究

## 2.3.1 聚磷菌菌种

### 2.3.1.1 污泥中筛选出的聚磷菌

近几年来，随着对反硝化除磷工艺研究的深入，国内外学者相继开展了对反硝化除磷菌种属组成的相关研究。

Fuhs 等[1]首次在聚磷污泥中鉴定并分离出 γ-变形菌门（γ-Proteobacteria）中的不动杆菌 *Acinetobacter* 为除磷系统中的优势菌种。这一通过传统生物分离技术得出的结论在此后的很长时间内被广泛应用于生物强化除磷工艺中的微生物学研究中。国内外研究人员相继以不同的培养方式对生物除磷模型和实际污水厂中的微生物进行了分离培养，但大多数经鉴定都属于 γ-Proteobacteria 中的 *Acinetobacter*，因此 *Acinetobacter* 是优势聚磷菌这一结论被广泛接受[37]。1978 年，Niolls 等在硝酸盐异化还原过程中发现了磷的快速吸收现象，证实了如假单胞菌属、不动杆菌属和气单胞菌属等细菌在反硝化的同时也能超量吸磷。Lötter[66]在研究 Bardenpho 法污水处理厂曝气段的活性污泥中发现 56％甚至更多的细菌属于不动杆菌属，其余能够大量吸磷的细菌多数属于气单胞菌属和假单胞菌属。同时还对分离纯化出的 100 株菌株进行了硝酸盐还原性试验，发现有 52 株菌株具有反硝化能力，试验结果表明在缺氧环境存在反硝化吸磷的可能性[67]。罗宁等[68]对 A²N-SBR 双污泥反应器中活性污泥的组成进行了探讨，发现主要起到反硝化除磷脱氮作用的细菌占系统内微生物总量的 66.6％，其中主要包括：假单胞菌属，占全部菌株的 23％，含量最高；肠杆菌科细菌和莫拉氏菌属次之，约各占全部菌株的 16％；气胞单菌属和不动杆菌属各占 13％，含量排第三。周康群等[69]利用 SBR 反应器对反硝化聚磷菌进行富集，发现经过富集后的聚磷菌种类虽有减少但较为集中，主要有假单胞菌属和棒状杆菌属，其次是肠杆菌科和葡萄球菌属，假白喉棒杆菌属最少且为反硝化聚磷菌。

### 2.3.1.2　化学标记法筛选出的菌种

利用非传统技术进行的除磷微生物研究对 *Acinetobacter* 在除磷中的重要性提出了质疑。有学者利用一种特殊的荧光抗体技术进行除磷微生物研究，结果表明 *Acinetobacter* 只占细胞总数的 3％[70]。值得一提的是，此结论并不能否定 *Acinetobacter* 是系统中的优势菌，也不能证明其对除磷的贡献微不足道，毕竟即使是 3％的比例，也代表了每克微生物中数百万计的细胞，如果每一个细胞都能够吸磷，那么此菌对除磷系统的贡献也是不可小觑的[71]。还有其他研究人员利用其他方式如化学标记法来表明生物菌群的组成，并以此来确定一些特殊菌种的存在及其相对数量的多少[72]。这种方法假定用于标识的化学标记从活性污泥中反应出的化学信号与在纯菌种中得到的化学信号相同，至于这种假设在所有条件下是否完全正确还未有定论，但这种方法与 rRNA 技术相比还是更加可靠的[73]。用此法对 *Acinetobacter* 菌种的研究表明，实际除磷水厂具有高效除磷能力的活性污泥中这类菌种的数量并不可观[74]。酶（醌类）也被用于标识实验室或水厂除磷系统中的生物种群，通过这些方法所得到的关于生物组成的结论基本是相似的。研究表明,无论是在实验室还是污水厂、除磷还是非除磷系统的生物群中,辅酶 Q-8(用于标识 *β-Proteobacteria*)显示是最多的,辅酶 Q-10(用于标识 *Actinobacteria* 和 *α-Proteobacteria* 菌种)也占很大数量,而 Q-9(用于标识 *γ-Proteobacteria* 和 *Acinetobacter* spp.)数量很少[72]。其次是革兰阳性 G+C 菌种低于 1%,*Planctomycetes* 和 *Cytophaga-Flexibacter-Bacteroides*(CFB)占的比例更少。另外,*Actinobacteria* 中的 *M. phosphovorus* 也很少,只占大约 3%。研究表明,除磷系统与非除磷系统中的生物组成在酶的特性上区别很小[75]。这说明在总的生物组成中,只有相当小比例的菌群能够除磷。有其他学者用辅酶技术得到了相似的结论:生物组成中,辅酶 Q-8 和 Q-10 的比例远远高于 Q-9[76-77]。但是,在后来的研究中,Q-9 的比例有所增长,反观 Q-8 却下降了,而总的除磷能力有所提高。这表示含有 Q-9 的细胞(也就是 *γ-Proteobacteria*)数量增长了,且占了优势。根据前人研究,辅酶 Q-9 在除磷污泥中是否为优势酶还未可知,但也不能由此认为 *Acinetobacter* 不是除磷系统的优势菌种[78]。甲基萘醌类在生物除磷过程中可能也会发生变化,有学者认为这一特征为其用作监测除磷的化学指示剂提供了理论支持[79]。

### 2.3.2 异染粒

#### 2.3.2.1 染色剂

PHB 染色试剂为苏丹黑 B 0.3 g 和乙醇(75%)100 mL 混合摇匀,脱色剂为二甲苯,复染剂为 0.5% 番红花水溶液。异染粒染色试剂:甲液为甲苯胺蓝 0.15 g、孔雀绿 0.2 g、KI 3.0 g、冰醋酸 1 mL、乙醇(95%)2 mL 溶于蒸馏水 100 mL;乙液为 I 2.0 g、KI 3.0 g 溶于蒸馏水 300 mL。

#### 2.3.2.2 染色方法

用于染色的污泥分别取自 SBR 反应器的厌氧段和缺氧段。

PHB 颗粒染色:在涂片上滴 0.3% 的苏丹黑染液染 10 min,水洗,吸干,用二甲苯冲洗涂片至无黑色素洗脱,用 0.5% 番红花水溶液复染 1~2 min,水洗,吸干,镜检,类脂粒呈蓝黑色,菌体其他部分呈红色。

异染粒染色:滴甲液于涂片染色 5 min,倾去,滴乙液冲去甲液,再染 1 min,水洗,吸干,镜检,异染粒呈黑色,菌体呈绿或浅绿色。

## 2.4 反硝化除磷的数学模型

活性污泥 A/O 法是污水生物除磷的典型工艺,很好地理解聚磷菌 PAO 代谢机制对于提高 A/O 工艺污水处理效果至关重要。IWA(国际水协会)在前人对活性污泥数学模型研究的基础上进行了多年的收集、归纳与分析,于 1987—

1999 年间先后推出了活性污泥系列模型(activated sludge models,ASMs),包括 ASM1、ASM2、ASM2D 和 ASM3 模型[80],获得世界的普遍认可并得到了广泛应用。在此基础上,国内外学者通过多种活性污泥工艺对生物除磷数学模型的更多可能性进行了探究。

　　1987 年,IWA 课题组推出了 ASM1 模型,包含了微生物的生长和衰亡及有机氮的氨化和水解 4 个主要过程[80]。这个模型虽然是模拟污水处理中生物硝化-反硝化过程的有效工具,但仍存在很多缺陷,如未包含生物除磷过程,无法模拟和应用于具有除磷功能的活性污泥工艺中,也不包含有机物在微生物体内的转化过程等,严重制约了模型发展[81]。1989 年,Wentzel[82] 试验只考虑了 A/O 反应代谢中 PHB 和聚磷的储存,测定了乙酸、磷和氧气的消耗量,并没有研究好氧代谢过程中 PHB 的转化以及微生物体和糖原的合成。1992 年,Matsuo 等[83] 利用活性污泥 A/O 试验进一步验证了厌氧代谢过程中有机物的代谢过程,证实了糖原转化为 PHB 反应的重要性。1995 年,IWA 课题组[80] 提出了 ASM2 模型,在聚磷菌除磷机理的基础上推出了生物除磷的数学代谢模型,并对氨氮的转化方式进行了改变,包含两个步骤:先将污水中颗粒性的有机氨氮转化为可溶性有机氮,再将其在氨化作用下转变为氨氮。但此模型并未对 PAO 糖原代谢进行描述,且不包括反硝化除磷代谢。同年,Smolders 等[84] 经试验开发了一个完整的结构化代谢模型,展现了生物除磷化学计量学和动力学过程,该模型包括 3 个厌氧反应和 5 个好氧反应,描述了与代谢相关的所有反应包括 ATP 和 NADH₂,该模型在日后聚磷菌研究中得到广泛应用,但其中也没有涵盖反硝化除磷代谢的内容。随后,Kuba 和 Murnleitner 等[85-86] 在 Smolders 等[87] 好氧除磷模型的基础上,利用 A²-SBR 反硝化除磷工艺,建立了反硝化除磷模型,该模型所运用的动力学方程式与好氧模型相同,唯一不同在于电子受体不同,且硝酸盐磷酸化传递电子过程中 P/NADH₂ 比值 σ 不同。1999 年,IWA 课题组在 ASM2 模型基础上进行完善,提出了 ASM2D 模型[88],即把好氧除磷模型拓展为反硝化除磷模型。ASM2D 模型增加了 PAOs 的反硝化过程,对硝酸盐和磷酸盐动力学的描述更加准确。同年,IWA 课题组在考虑 ASM1 模型重要缺陷的基础上提出了更加完善的 ASM3 模型[80],但其建模目的是模拟生物脱氮过程,此处不再介绍。

　　反硝化除磷机理与传统 A/O 法除磷机理极其相近,且国内外多位学者进一步验证了反硝化除磷模型的可行性。1996 年,Kuba 等[9] 研究了 A²-SBR 工艺反硝化除磷效果,试验结果表明反硝化除磷工艺与 A/O 工艺相比,在去除 15 mg 磷和 105 mg 氮时,COD 消耗量和耗氧量分别减少 50% 和 30%,剩余污泥产量减少 50%。国内学者罗宁[89] 用试验验证了以硝酸盐为电子受体反硝化除磷机理的可行性。在反硝化除磷研究过程中,硝酸盐作为电子受体进行反硝化除磷已被广泛接受,而亚硝酸盐作为电子受体进行反硝化除磷一直存在争议。随着研究的推广,以亚硝酸盐作为电子受体进行短程反硝化除磷现象的研究逐渐增多[10-11,17-18,90],研究结果证实了以低浓度亚硝酸盐为电子受体进行反硝化除磷的可行性。资料调查表明:目前为止,对于短程反硝化除磷的现象研究比较多,而对亚硝酸盐为电子受体进行反硝化除磷代谢过程的研究很少。

# 2.5  反硝化除磷的化学计量学和动力学研究

## 2.5.1  反应成分

除磷过程中反应方程式是除磷代谢模型的关键,参与反应的聚合物成分包括 PHB、聚磷、微生物和糖原,且参与反应的所有物质都显电中性。

聚磷菌主要的代谢反应发生在胞内,因此为了能够精确地描述反应过程,必须区分活性微生物和胞内储存物。因为除磷菌胞内储存物占 50%,所以在模型中必须单独考虑胞内储存物,如 PHB、聚磷、糖原和活性微生物,微生物组成及污泥浓度 MLSS、挥发性污泥浓度 MLVSS 和灰分之间的关系见表 2.1。MLSS 和 MLVSS 是典型的污水参数,通过实验很容易测定。MLSS 是 PHB、聚磷、糖原和活性微生物的混合物,MLVSS 是 PHB、糖原和活性微生物馏分的总和(不包括灰分),MLSS 中的灰分是由 5%～10% 的灰分和聚磷酸盐组成的。由于动力学原因,除磷过程中 PHB、糖原和聚磷颗粒的馏分有很强的变化性,PHB、聚磷和糖原胞内储存物馏分与活性微生物的比值为 1 mol C/1 mol 活性微生物,工艺中所测得的微生物浓度 MLSS 是活性微生物、PHB、糖原和聚磷的总和。

表 2.1  微生物组成及 MLSS、MLVSS 和灰分的关系

| MLSS | | | |
|---|---|---|---|
| MLVSS | | | 灰分 |
| PHB | 糖原 | 活性微生物 | poly-P |

## 2.5.2  厌氧释磷机理

化学计量学和动力学是分析生物转化过程的关键特性,化学计量学提供了反应物量和生成物量,而动力学决定了反应速率,代谢反应的化学计量学将不同物质的转化率联系在一起,因此,减少了描述反应过程所需的动力学数量。

厌氧释磷过程中,不同生物除磷工艺的代谢途径是相同的,厌氧释磷代谢模

型见图 2.1,主要包括 3 个反应过程:① 聚磷菌 PAO 吸收乙酸,并以 PHB 形式储存于胞内;② PAO 分解体内 poly-P,并产生能量 ATP;③ 糖原转变为 PHB,并产生 ATP 和还原辅酶 $NADH_2$。其中,磷氧比系数 $\delta$,决定氧化磷酸化过程产生能量的多少;生物合成的聚合系数 $K$,决定参与生物质合成 ATP 的量;氧传递系数 $\varepsilon$,决定参与胞内磷酸盐转化能量的多少。在厌氧和好氧阶段生物强化除磷的代谢机理取决于 $\delta$,$K$,$\varepsilon$。Smolders 等[87]研究了 pH 值为 7 时的厌氧代谢反应方程式,表示如下。

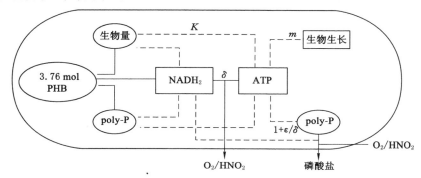

图 2.1 厌氧释磷代谢模型

(1) 乙酸吸收及 PHB 储存。

乙酸吸收包括运输和储存两部分。乙酸的运输与 pH 值密切相关:当胞内 pH 值较低时,乙酸运输到胞内不需要 ATP,胞内乙酸转化为乙酰辅酶 A 所需的 ATP 由聚磷降解提供;当胞内 pH 值较高时,1 mol HAc 运输到胞内需要 $\alpha_1$ mol ATP($\alpha_1 = 0.5$),所需的能量促进释磷量增大。乙酸转化为乙酰辅酶 A 需要 0.5 mol ATP,乙酰辅酶 A 直接转化为 PHB,1 mol 乙酸的转化需要有 0.25 mol $NADH_2$ 作为还原剂。

$$\underset{\text{乙酸}}{CH_2O} + (1/2 + \alpha_1)ATP + 1/4NADH_2 \longrightarrow \underset{\text{PHB}}{CH_{1.5}O_{0.5}} + 1/2H_2O$$

(2) 聚磷分解产生 ATP。

聚磷分解过程中产生 ATP,作为乙酸吸收和储存的能量来源。据资料记载,聚磷颗粒的成分为 $Mg_{1/3}K_{1/3}PO_3$,因此,聚磷水解过程中,释放 $PO_4^{3-}$、$Mg^{2+}$ 和 $K^+$,实验过程中忽略 $Mg^{2+}$ 和 $K^+$,认为聚磷的分子式为 $HPO_3$,呈电中性。聚磷假设磷排出胞内不产生能量,则水解 1 mol 聚磷颗粒会产生 1 mol ATP 和 1 mol $PO_4^{3-}$。

$$\underset{\text{poly-P}}{HPO_3} + H_2O \longrightarrow \alpha_2 ATP + H_3PO_4$$

（3）糖原降解产生 $NADH_2$。

0.5 mol 糖原经糖酵解途径转化为乙酰辅酶 A 过程中产生 $NADH_2$，乙酰辅酶 A 直接转化为 PHB 过程中产生 0.25 mol ATP。

$$CH_{10/6}O_{5/6}+1/6H_2O \Longrightarrow 2/3CH_{1.5}O_{0.5}+1/3CO_2+1/2NADH_2+1/2ATP$$

糖原　　　　　　　　　　PHB

### 2.5.3　好氧/反硝化吸磷机理

好氧/反硝化吸磷阶段的代谢反应可分为两组：能量产生反应和能量消耗反应。好氧/反硝化吸磷代谢模型见图 2.2。能量产生反应包括两个方程式[70]：PHB 分解代谢；氧化磷酸化。能量消耗反应包括 3 个方程式：微生物生成和维护；聚磷合成；糖原合成。

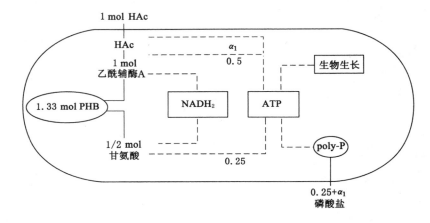

图 2.2　好氧/反硝化吸磷代谢模型

好氧吸磷与反硝化吸磷代谢不涉及电子受体的反应完全一样，不同之处在于氧化磷酸化电子受体的不同。

（1）PHB 分解代谢。

PHB 降解为乙酰辅酶 A 后，在三羧酸循环（TCA）中进行转化，假定转化生成的 $FADH_2$ 等于 $NADH_2$。

$$CH_{1.5}O_{0.5}+1.5H_2O \longrightarrow 2.25NADH_2+0.5ATP+CO_2$$

PHB

（2）氧化磷酸化。

氧化磷酸化过程中，$NADH_2$ 被转化为 ATP，每对电子生成 ATP 的量用 P 和 O 的比值 $\sigma$ 来表示，$\sigma$ 值代表了氧化磷酸化的效率，化学计量学反应式如下。

$O_2$ 作为电子受体：

$$NADH_2 + 0.5O_2 \longrightarrow H_2O + \delta_0 ATP$$

$HNO_2$ 作为电子受体：

$$NADH_2 + 2/3HNO_2 \longrightarrow 1/3N_2 + \delta_n ATP + 4/3H_2O$$
亚硝态氮

式中，$\delta_0$ 表示 $O_2$ 作为电子受体情况下，消耗单位 $NADH_2$ 生成 ATP 的量；$\delta_n$ 表示 $HNO_2$ 作为电子受体情况下，消耗单位 $NADH_2$ 生成 ATP 的量。Smolders 在好氧代谢模型中指出 $\delta_0$ 值为 1.8。

（3）微生物生成和维护。

微生物生成过程中，每生成 1 mol 微生物会产生 0.27 mol $CO_2$[91]，乙酰辅酶 A 转化为微生物前体及前体聚合成 1 mol 微生物所需的 ATP 的量用 $K$ 来表示。据资料[92]记载 $K$ 值为 1.5 mol。$m_{ATP}$ 是细胞维持新陈代谢所需的 ATP 的特定值。

$$1.27CH_{1.5}O_{0.5} + 0.20NH_3 + 0.015H_3PO_4 + (K + m_{ATP}/\mu)ATP + 0.385H_2O \longrightarrow$$
PHB

$$CH_{2.09}O_{0.54}N_{0.2}P_{0.015} + 0.615NADH_2 + 0.27CO_2$$
微生物

式中，$\mu$ 为微生物生长速率。

（4a）吸磷。

$O_2$ 作为电子受体：

$$\varepsilon_0 H_3PO_{4(out)} + NADH_2 + 0.5O_2 \longrightarrow \varepsilon_0 H_3PO_{4(in)} + H_2O$$
胞外磷酸盐      氧气      胞内磷酸盐

$HNO_2$ 作为电子受体：

$$\varepsilon_n H_3PO_{4(out)} + NADH_2 + 2/3HNO_2 \longrightarrow \varepsilon_n H_3PO_{4(in)} + 1/3N_2 + 4/3H_2O$$
胞外磷酸盐      亚硝态氮      胞内磷酸盐

式中，$\varepsilon_0$ 和 $\varepsilon_n$ 分别表示 $O_2$ 和 $HNO_2$ 作为电子受体的情形下，氧化单位 $NADH_2$ 吸收磷酸盐的量。Smolders 经试验得出 $\varepsilon_0 = 7$，Kuba 推导公式指出：

$$\varepsilon_n = \varepsilon_0 \cdot \delta_n/\delta_0 \approx 3.9\delta_n$$

（4b）聚磷合成。

$$H_3PO_{4(in)} + ATP \longrightarrow HPO_3 + H_2O$$
胞内磷酸盐      胞外磷酸盐聚磷

（5）糖原合成。

PHB 在乙醛酸循环过程中产生草酰乙酸盐，在糖原合成过程中，草酰乙酸盐生成糖原。

$$4/3CH_{1.5}O_{0.5} + 5/6ATP + 5/6H_2O \longrightarrow CH_{10/6}O_{5/6} + 1/3CO_2 + NADH_2$$
PHB      糖原

上述胞内反应式是在生物化学和化学计量学基础上建立的,这些反应均发生在细胞内部且不能直接观测到,然而,胞外物质转化速率能够直接反映胞内反应速率。

## 2.6　反硝化除磷的工艺研究

传统生物脱氮除磷工艺存在着微生物之间在运行过程中一系列的矛盾,反硝化脱氮除磷理论的提出解决了传统生物脱氮除磷工艺中碳源竞争和泥龄不统一的问题,具有广阔的应用前景,学者们对开发反硝化脱氮除磷新工艺展开了长期而系统的研究。反硝化脱氮除磷工艺分为单污泥系统和双污泥系统脱氮除磷工艺。在单污泥系统中,厌氧/缺氧/好氧交替运行,DPAOs、PAOs、硝化菌以及其他异养菌同时存在于一个污泥体系中,共同按顺序经过厌氧、缺氧和好氧的环境,典型工艺是 BCFS 工艺。而双污泥系统中,DPAOs 和 PAOs 都单独存在于固定膜生物反应器或好氧硝化 SBR 反应器中,Dephanox 工艺和 A²N-SBR 工艺等比较具有代表性。

### 2.6.1　BCFS 工艺

UCT(University of Cape Town)工艺是南非开普敦大学提出的一种脱氮除磷工艺,是一种改进的 A²/O 工艺,尽管 UCT 工艺理论上是绝对厌氧环境条件,但实际工程中却发现其中存在为数不少的 DPAOs。1996 年,荷兰 DELFT 大学 Mark 教授等在帕斯韦尔氧化沟和 UCT 工艺的原理基础上开发出了 BCFS(Biologischc-chcmischc-fosfaat-stikstover-wijdering)工艺,它通过在厌氧池加设化学除磷单元,以期使 DPAOs 能够得到更好的富集,达到了整体工艺的除磷效率的提高[93-94]。

该工艺作为生物除磷新工艺,充分发挥了 DPAOs 的反硝化除磷作用,可在不添加化学药剂的情况下高效处理城市污水,达到最佳的脱氮除磷效果。BCFS 工艺由 5 个功能相对专一的反应池(厌氧池、接触池、缺氧池、混合池、好氧池)组成,比 UCT 工艺增加了接触池和缺氧/好氧混合池两个反应池。接触池的作用在于使混合液和回流污泥充分混合,消耗厌氧出水中剩余的外碳源,并且将回流污泥中的部分硝态氮还原为氮气,以及去除剩余的 COD 和反硝化去除硝酸盐,同时抑制丝状菌的繁殖;在缺氧池和好氧池之间增设混合池,其主要功能是脱氮,与通常的氧化沟相比,混合池可以形成一个低溶解氧的环境,使反硝化反应能够高效实现,避免受到好氧池中污泥的影响,硝化反应和反硝化反应可以一直同时发生,并且不受供氧量的控制。该工艺中存在 3 个混合液回流系统,使各反应池内微生物生存环境得到优化。回流液 $Q_A$ 使部分污泥处于厌氧/缺氧交替运行环境,优化反硝化除磷效果;回流液 $Q_B$ 保证了后续反应池的污泥浓度;回流液 $Q_C$ 则为缺氧池提供电子受体 $NO_3^-$。该工艺可以实现高效脱氮除磷,污水中的正磷酸盐几乎可以完全被去除,脱氮率超过 90%,富磷污泥可循环利用,同时减少污泥产量,但是缺氧/好氧混合池单元占地面积多达整个系统的 1/3,工艺流程复杂,回流量大,运行与管理难度系数大,费用高,在一定程度上影响了 BCFS 工艺的广泛应用。

## 2.6.2　Dephanox 工艺

Dephanox 工艺具有硝化和反硝化除磷的双污泥回流系统,解决了传统生物脱氮除磷工艺中反硝化菌与聚磷菌的泥龄矛盾和碳源竞争问题,满足了反硝化聚磷菌所需的生长环境,同时高效发挥反硝化菌的作用。

Dephanox 工艺在厌氧池与缺氧池之间增加了沉淀池和生物膜反应池。该工艺具有以下特性:① 污水在厌氧池中释磷,在后端设置沉淀池进行泥水分离,富氨氮上清液进入生物膜反应池进行硝化,为接下来的反应提供充足的 $NO_3^-$-N 作为电子受体。② 厌氧阶段发生释磷反应后的污泥跨越至缺氧池,利用硝化反应产生的 $NO_3^-$-N 作为电子受体进行反硝化除磷。③ 污水进入好氧池进行 $N_2$ 吹脱和好氧吸磷,最后经二沉池再次进行沉淀后排出处理完成的污水,回流污泥回流至厌氧池。④ 后置二次氧化池进一步除去剩余的磷,从而获得较好的除磷效果[94-95]。该工艺减少了剩余污泥量,降低了系统能耗,但难以控制进水中氮和磷的比例使其恰好满足缺氧吸磷的要求:比例过低则电子受体不充足,反硝化吸磷过程反应不充分;比例过高则使回流污泥中硝酸盐过量,影响厌氧释磷。因此,该工艺在实际工程应用中有一定困难。

## 2.6.3　A²N-SBR 工艺

厌氧/缺氧-硝化 SBR（anaerobic/anoxic/nitrification-sequencing batch reactor,A²N-SBR）是一种新型双污泥反硝化除磷工艺。A²N-SBR 系统将厌氧、缺氧、硝化反应器组合,使反硝化聚磷菌和硝化菌生活在各自所需的最适环境中,最终达到高效脱氮除磷的目标。该工艺由 A²-SBR 反应器和 N-SBR 反应器组成。A²-SBR 反应器主要用于去除污水中的有机物和反硝化除磷;N-SBR 反应器主要发生硝化反应,为 A²-SBR 内的反硝化除磷过程提供电子受体。这两个反应器各自独立运行,通过沉淀后互换上清液实现双污泥 A²N-SBR 系统的反硝化脱氮除磷。

在本工艺中,反硝化聚磷菌体内的 PHB 用于反硝化脱氮和反硝化除磷以达到同时脱氮除磷的目的,故该系统适合于处理 COD/TN 较低的污水。我国哈尔滨工业大学王亚宜等[96]在 A²N-SBR 系统运行的影响因素研究中发现,进水 C/P 和 C/N 对 A²N-SBR 系统获得良好的脱氮除磷效果具有关键性作用,随着 C/P 的升高,磷酸盐的去除率呈现上升趋势。该工艺在一定程度上解决了反硝化聚磷菌和硝化细菌之间的泥龄矛盾问题,可以使系统出水达到稳定脱氮除磷的效果。但是同样存在一些缺陷,如在反硝化除磷工艺中,缺氧段磷的去除与硝态氮的浓度息息相关,而在实际工程中,进水 N/P 比较难控制,所以在一定程度上限制了该工艺的广泛应用。

### 2.6.4 单、双污泥系统工艺的比较

通过多年的发展与探索,反硝化脱氮除磷工艺历经了从单污泥系统到双污泥系统的发展。

单污泥系统大多数是基于传统脱氮除磷工艺的改造与优化,多用于理论和实验研究,存在以下几点缺陷:① 在低温条件下(<15 ℃),需要加大构筑物体积达到硝化反应充分发生所需的较长的污泥停留时间,从而加大了投资成本;② 聚磷菌、DPAOs、硝化菌等菌种之间存在对底物的竞争;③ 污泥和混合液回流量大且回流次数多,剩余污泥量大,操作难度较高[97]。

而双污泥系统较单污泥系统则具有以下优势:① 具有较低的能量要求和需氧量要求;② 解决了聚磷菌、DPAOs、硝化菌等菌种之间对基质和营养物的竞争问题,使 DPAOs 有最佳的生长环境;③ 减少了所需污泥回流的系统个数,大幅减少了剩余污泥产量[23]。

# 参 考 文 献

[1] FUHS G W,CHEN M. Microbiological basis of phosphate removal in the activated sludge process for the treatment of wastewater[J]. Microbial ecology,1975,2(2):119-138.

[2] OSBORN D W, NICHOLLS H A. Optimization of the activated sludge process for the biological removal of phosphorus[J]. Process in water technology,1978,10(1/2):261-277.

[3] COMEAU Y,HALL K J,HANCOCK R E W,et al. Biochemical model for enhanced biological phosphorus removal[J]. Water research,1986,20(12):1511-1521.

[4] VLEKKE G J F M,COMEAU Y,OLDHAM W K. Biological phosphate removal from wastewater with oxygen or nitrate in sequencing batch reactors[J]. Environmental technology letters,1988,9(8):791-796.

［5］ KUBA T,SMOLDERS G,VAN LOOSDRECHT M C M,et al. Biological phosphorus removal from wastewater by anaerobic-anoxic sequencing batch reactor［J］. Water science and technology,1993,27(5/6):241-252.

［6］ 刘占会,张雁秋,李燕,等.反硝化除磷机理及电子受体研究进展［J］.环境科学与管理,2008,33(10):134-136,140.

［7］ WACHTMEISTER A,KUBA T,VAN LOOSDRECHT M C M,et al. A sludge characterization assay for aerobic and denitrifying phosphorus removing sludge［J］. Water research,1997,31(3):471-478.

［8］ BORTONE G,LIBELLI S M,TILCHE A,et al. Anoxic phosphate uptake in the dephanox process［J］. Water science and technology,1999,40(4/5):177-185.

［9］ KUBA T,VAN LOOSDRECHT M C M,HEIJNEN J J. Phosphorus and nitrogen removal with minimal COD requirement by integration of denitrifying dephosphatation and nitrification in a two-sludge system［J］. Water research,1996,30(7):1702-1710.

［10］ MEINHOLD J,ARNOLD E,ISAACS S. Effect of nitrite on anoxic phosphate uptake in biological phosphorus removal activated sludge［J］. Water research,1999,33(8):1871-1883.

［11］ LEE D S,JEON C O,PARK J M. Biological nitrogen removal with enhanced phosphate uptake in a sequencing batch reactor using single sludge system［J］. Water research,2001,35(16):3968-3976.

［12］ 叶丽红,李冬,张杰,等.亚硝化-反硝化除磷技术研究进展［J］.北京工业大学学报,2016,42(4):585-593.

［13］ HU J Y,ONG S L,NG W J,et al. A new method for characterizing denitrifying phosphorus removal bacteria by using three different types of electron acceptors［J］. Water research,2003,37(14):3463-3471.

［14］ MEINHOLD J,FILIPE C D M,DAIGGER G T,et al. Characterization of the denitrifying fraction of phosphate accumulating organisms in biological phosphate removal［J］. Water science and technology,1999,39(1):31-42.

［15］ SAITO T,BRDJANOVIC D,VAN LOOSDRECHT M C M. Effect of nitrite on phosphate uptake by phosphate accumulating organisms［J］. Water research,2004,38(17):3760-3768.

［16］ AHN J,DAIDOU T,TSUNEDA S,et al. Metabolic behavior of denitrifying phosphate-accumulating organisms under nitrate and nitrite electron acceptor conditions[J]. Journal of bioscience and bioengineering,2001,92(5):442-446.

[17] 王爱杰,吴丽红,任南琪,等.亚硝酸盐为电子受体反硝化除磷工艺的可行性[J].中国环境科学,2005,25(5):515-518.

[18] 黄荣新,李冬,张杰,等.电子受体亚硝酸氮在反硝化除磷过程中的作用[J].环境科学学报,2007,27(7):1141-1144.

[19] 李相昆,周业剑,高美玲,等.亚硝酸根作为电子受体的反硝化吸磷特性[J].吉林大学学报(地球科学版),2008,38(1):117-120.

[20] PIJUAN M T, YE L, YUAN Z G. Free nitrous acid inhibition on the aerobic metabolism of poly-phosphate accumulating organisms[J]. Water research,2010,44(20):6063-6072.

[21] SUN L, ZHAO X X, ZHANG H F, et al. Biological characteristics of a denitrifying phosphorus-accumulating bacterium[J]. Ecological engineering, 2015,81:82-88.

[22] WANG Y Y, ZHOU S, YE L, et al. Nitrite survival and nitrous oxide production of denitrifying phosphorus removal sludges in long-term nitrite/nitrate-fed sequencing batch reactors[J]. Water research,2014, 67:33-45.

[23] 鲍林林,李相昆,李冬,等.双污泥脱氮除磷系统中聚磷菌的特性研究[J].中国给水排水,2008,24(7):4-7.

[24] 王冬波.SBR 单级好氧生物除磷机理研究[D].长沙:湖南大学,2011.

[25] 罗志腾.水污染控制工程微生物学[M].北京:北京科学技术出版社,1988.

[26] OEHMEN A, ZENG R J, YUAN Z G, et al. Anaerobic metabolism of propionate by polyphosphate-accumulating organisms in enhanced biological phosphorus removal systems [J]. Biotechnology and bioengineering,2005,91(1):43-53.

[27] 刘洪波,李卓,缪强强,等.传统生物除磷脱氮工艺和反硝化除磷工艺对比[J].工业用水与废水,2006,37(6):4-7.

[28] 李晟.浅析反硝化除磷技术与传统生物除磷技术的比较及其影响因素[J].城市建设理论研究(电子版),2012(32):1-3.

[29] 康婷婷,王亮,何洋洋,等.亚硝酸型反硝化除磷工艺特性及其应用[J].中国环境科学,2016,36(6):1705-1714.

[30] 白少元,张华,林雨倩,等.活性污泥反硝化除磷性能的影响因素研究[J].中国给水排水,2013,29(15):49-54.

［31］MINO T，VAN LOOSDRECHT M C M，HEIJNEN J J. Microbiology and biochemistry of the enhanced biological phosphate removal process［J］. Water research，1998，32(11)：3193-3207.

［32］COMEAU Y，HALL K J，HANCOCK R E W，et al. Biochemical model for enhanced biological phosphorus removal［J］. Water research，1986，20 (12)：1511-1521.

［33］杨莹莹，曾薇，刘晶茹，等. 亚硝酸盐对污水生物除磷影响的研究进展［J］. 微生物学通报，2010，37(4)：586-593.

［34］徐融，王建芳，陈重军，等. 以亚硝酸盐为电子受体的反硝化除磷影响因素 的研究现状［J］. 水处理技术，2015，41(3)：11-14.

［35］BELL L C，RICHARDSON D J，FERGUSON S J. Periplasmic and membrane-bound respiratory nitrate reductases in *Thiosphaera pantotropha*［J］. FEBS letters，1990，265(1/2)：85-87.

［36］郭丽芸，时飞，杨柳燕. 反硝化菌功能基因及其分子生态学研究进展［J］. 微 生物学通报，2011，38(4)：583-590.

［37］PHILIPPOT L. Denitrifying genes in bacterial and Archaeal genomes［J］. Biochimica et biophysica acta (BBA) - gene structure and expression，2002，1577(3)：355-376.

［38］ANTIPOV A N，MOROZKINA E V，SOROKIN D Y，et al. Characterization of molybdenum-free nitrate reductase from haloalkalophilic bacterium *Halomonas* sp. strain AGJ 1-3 ［J］. Biochemistry biokhimiia，2005，70(7)：799-803.

［39］李卫芬，郑佳佳，张小平，等. 反硝化酶及其环境影响因子的研究进展［J］. 水生生物学报，2014，38(1)：166-170.

［40］ZUMFT W G. Cell biology and molecular basis of denitrification［J］. Microbiology and molecular biology reviews，1997，61(4)：533-616.

［41］SMITH J M，OGRAM A. Genetic and functional variation in denitrifier populations along a short-term restoration chronosequence［J］. Applied and environmental microbiology，2008，74(18)：5615-5620.

［42］NOJIRI M，KOTEISHI H，NAKAGAMI T，et al. Structural basis of inter-protein electron transfer for nitrite reduction in denitrification［J］. Nature，2009，462(7269)：117-120.

［43］HEYLEN K. Study of the genetic basis of denitrification in pure culture denitrifiers isolated from activated sludge and soil［D］. Ghent：Ghent

University,2007.

[44] BOULANGER M J,MURPHY M E P. Crystal structure of the soluble domain of the major anaerobically induced outer membrane protein (AniA) from pathogenic Neisseria：a new class of copper-containing nitrite reductases[J]. Journal of molecular biology,2002,315(5):1111-1127.

[45] FÜLÖP V,MOIR J W B,FERGUSON S J,et al. The anatomy of a bifunctional enzyme：structural basis for reduction of oxygen to water and synthesis of nitric oxide by cytochrome Cd1[J]. Cell,1995,81(3):369-377.

[46] 杨航,黄钧,刘博. 异养硝化-好氧反硝化菌 *Paracoccus pantotrophus* ATCC 35512 的研究进展[J]. 应用与环境生物学报,2008,14(4): 585-592.

[47] PHILIPPOT L,MIRLEAU P,MAZURIER S,et al. Characterization and transcriptional analysis of Pseudomonas fluorescens denitrifying clusters containing the nar,nir,nor and nos genes[J]. Biochimica et biophysica acta (BBA) - gene structure and expression,2001,1517(3):436-440.

[48] HEIKKILÄ M P, HONISCH U, WUNSCH P, et al. Role of the Tat transport system in nitrous oxide reductase translocation and cytochrome Cd1 biosynthesis in *Pseudomonas stutzeri*[J]. Journal of bacteriology, 2001,183(5):1663-1671.

[49] KORNBERG S R. Adenosine triphosphate synthesis from polyphosphate by an enzyme from *Escherichiacoli*[J]. Biochimica et biophysica acta, 1957,26(2):294-300.

[50] SHI T Y,GE Y,ZHAO N,et al. Polyphosphate kinase of *Lysinibacillus sphaericus* and its effects on accumulation of polyphosphate and bacterial growth[J]. Microbiological research,2015,172:41-47.

[51] HOSSAIN M M, TANI C, SUZUKI T, et al. Polyphosphate kinase is essential for swarming motility,tolerance to environmental stresses,and virulence in *Pseudomonas syringae* pv. tabaci 6605[J]. Physiological and molecular plant pathology,2008,72(4/5/6):122-127.

[52] 袁林江,周国标,南亚萍. 微生物聚磷及其酶学调控[J]. 环境科学学报, 2015,35(7):1955-1962.

[53] RAO N N,GÓMEZ-GARCÍA M R,KORNBERG A. Inorganic polyphosphate: essential for growth and survival[J]. Annual review of biochemistry,2009,78: 605-647.

[54]　BROWN M R W, KORNBERG A. The long and short of it - polyphosphate, PPK and bacterial survival[J]. Trends in biochemical sciences, 2008, 33(6): 284-290.

[55]　CHOUAYEKH H, VIROLLE M J. The polyphosphate kinase plays a negative role in the control of antibiotic production in *Streptomyces lividans*[J]. Molecular microbiology, 2002, 43(4): 919-930.

[56]　KAMEDA A, SHIBA T, KAWAZOE Y, et al. A novel ATP regeneration system using polyphosphate-AMP phosphotransferase and polyphosphate kinase[J]. Journal of bioscience and bioengineering, 2001, 91(6): 557-563.

[57]　南亚萍, 袁林江, 何志仙, 等. 生物除磷过程中活性污泥聚磷酶活性的变化[J]. 中国给水排水, 2012, 28(9): 26-29.

[58]　AKIYAMA M, CROOKE E, KORNBERG A. The polyphosphate kinase gene of *Escherichia coli*. Isolation and sequence of the ppk gene and membrane location of the protein[J]. Journal of biological chemistry, 1992, 267(31): 22556-22561.

[59]　AKIYAMA M, CROOKE E, KORNBERG A. An exopolyphosphatase of *Escherichia coli*. The enzyme and its ppx gene in a polyphosphate operon [J]. Journal of biological chemistry, 1993, 268(1): 633-639.

[60]　LISS E, LANGEN P. Experiments on polyphosphate overcompensation in yeast cells after phosphate deficiency[J]. Architecture mikrobiology, 1962: 41383-41392.

[61]　WURST H, KORNBERG A. A soluble exopolyphosphatase of saccharomyces cerevisiae. purification and characterization[J]. Journal of biological chemistry, 1994, 269(15): 10996-11001.

[62]　KRISTENSEN O, LAURBERG M, LILJAS A, et al. Structural characterization of the stringent response related exopolyphosphatase/guanosine pentaphosphate phosphohydrolase protein family[J]. Biochemistry, 2004, 43(28): 8894-8900.

[63]　RANGARAJAN E S, NADEAU G, LI Y G, et al. The structure of the exopolyphosphatase (PPX) from *Escherichia coli* O157: H7 suggests a binding mode for long polyphosphate chains[J]. Journal of molecular biology, 2006, 359(5): 1249-1260.

[64]　KRISTENSEN O, ROSS B, GAJHEDE M. Structure of the PPX/GPPA

phosphatase from aquifex aeolicus in complex with the alarmone ppGpp [J]. Journal of molecular biology,2008,375(5):1469-1476.

[65] 任南琪,马放,杨基先,等.污染控制微生物学[M].4 版.哈尔滨:哈尔滨工业大学出版社,2011.

[66] LÖTTER L H. The role of bacterial phosphate metabolism in enhanced phosphorus removal from the activated sludge process[J]. Water science and technology,1985,17(11/12):127-138.

[67] 石玉明. A² SBR 反硝化除磷工艺效能及微生物生理生态特征研究[D].哈尔滨:哈尔滨工业大学,2009.

[68] 罗宁,罗固源,许晓毅.从细菌的生化特性看生物脱氮与生物除磷的关系[J].重庆环境科学,2003(5):33-35.

[69] 周康群,刘晖,孙彦富,等.反硝化聚磷菌的 SBR 反应器中微生物种群与浓度变化[J].中南大学学报(自然科学版),2008,39(4):705-711.

[70] CLOETE T E, STEYN P L. A combined membrane filter-immunofluorescent technique for the in situ identification and enumeration of acinetobacter in activated sludge[J]. Water research,1988,22(8):961-969.

[71] HESSELMANN R P X, WERLEN C, HAHN D, et al. Enrichment, phylogenetic analysis and detection of a bacterium that performs enhanced biological phosphate removal in activated sludge[J]. Systematic and applied microbiology,1999,22(3):454-465.

[72] HIRAISHI A,MASAMUNE K,KITAMURA H. Characterization of the bacterial population structure in an anaerobic-aerobic activated sludge system on the basis of respiratory quinone profiles[J]. Applied and environmental microbiology,1989,55(4):897-901.

[73] HIRAISHI A, UEDA Y, ISHIHARA J. Quinone profiling of bacterial communities in natural and synthetic sewage activated sludge for enhanced phosphate removal [ J ]. Applied and environmental microbiology,1998,64(3):992-998.

[74] AULING G, PILZ F, BUSSE H J, et al. Analysis of the polyphosphate-accumulating microflora in phosphorus-eliminating, anaerobic-aerobic activated sludge systems by using diaminopropane as a biomarker for rapid estimation of Acinetobacter spp. [J]. Applied and environmental microbiology,1991,57(12):3585-3592.

［75］LIU W T,LINNING K D,NAKAMURA K,et al. Microbial community changes in biological phosphate-removal systems on altering sludge phosphorus content［J］. Microbiology,2000,146(5):1099-1107.

［76］SUDIANA I M,MINO T,SATOH H,et al. Morphology, in situ characterization with rRNA targetted probes and respiratory quinone profiles of enhanced biological phosphorus removal sludge［J］. Water science and technology,1998,38(8/9):69-76.

［77］LIN C. The relationship between isoprenoid quinone and phosphorus removal activity［J］. Water research,2000,34(14):3607-3613.

［78］OKADA M,LIN C K,KATAYAMA Y,et al. Stability of phosphorus removal and population of bio-P-bacteria under short term disturbances in sequencing batch reactor activated sludge process［J］. Water science and technology,1992,26(3/4):483-491.

［79］FUJITA M,CHEN H,FURAMAI H. An investigation on microbial population dynamics in enhanced biological phosphorus removal sbr using quinone profile and PCR-DGGE techniques［M］//Proceedings of 7th IAWQ Asian Pacific Conference. Taipei:［s. n.］,1999.

［80］张亚雷. 活性污泥数学模型［M］. 上海:同济大学出版社,2002.

［81］丁晓倩. 污水脱氮除磷及 N₂O 产生过程数学模拟［D］. 西安:长安大学,2017.

［82］WENTZEL M C,DOLD P L,EKAMA G A,et al. Enhanced polyphosphate organism cultures in activated-sludge systems. Part Ⅲ: kinetic model［J］. Water SA,1989,15(2):89-102.

［83］MATSUO T,MINO T,SATO H. Metabolism of organic substances in anaerobic phase of biological phosphate uptake process［J］. Water science and technology,1992,25(6):83-92.

［84］SMOLDERS G J F,VAN DER MEIJ J,VAN LOOSDRECHT M C M,et al. A structured metabolic model for anaerobic and aerobic stoichiometry and kinetics of the biological phosphorus removal process［J］. Biotechnology and bioengineering,1995,47(3):277-287.

［85］KUBA T,MURNLEITNER E,VAN LOOSDRECHT M C M,et al. A metabolic model for biological phosphorus removal by denitrifying organisms［J］. Biotechnology and bioengineering,1996,52(6):685-695.

［86］MURNLEITNER E,KUBA T,VAN LOOSDRECHT M C M,et al. An

integrated metabolic model for the aerobic and denitrifying biological phosphorus removal[J]. Biotechnology and bioengineering,1997,54(5): 434-450.

[87] SMOLDERS G J F,VAN DER MEIJ J,VAN LOOSDRECHT M C M,et al. Stoichiometric model of the aerobic metabolism of the biological phosphorus removal process[J]. Biotechnology and bioengineering,1994, 44(7):837-848.

[88] HENZE M,GUJER W,MINO T,et al. Activated sludge model No. 2d, ASM2D[J]. Water science and technology,1999,39(1):165-182.

[89] 罗宁.双泥生物反硝化吸磷脱氮系统工艺的试验研究[D].重庆:重庆大学,2003.

[90] WANNER J,ČECH J S,KOS M. New process design for biological nutrient removal[J]. Water science and technology, 1992, 25 (4/5): 445-448.

[91] GOMMERS P J F,VAN SCHIE B J,VAN DIJKEN J P,et al. Biochemical limits to microbial growth yields:an analysis of mixed substrate utilization[J]. Biotechnology and bioengineering,1988,32(1):86-94.

[92] STOUTHAMERA H. The search for correlation between theoretical and experimental growth yields[J]. Microbial biochemistry,1979,17:1-47.

[93] 张杰.反硝化脱氮除磷工艺的发展及调控因素[J].环境工程,2016,34(增刊1):266-269.

[94] 孙玲,钱雨荷,张惠芳,等.反硝化聚磷菌研究进展[J].节水灌溉,2015(2): 40-44.

[95] BORTONE G,SALTARELLI R,ALONSO V,et al. Biological anoxic phosphorus removal:the dephanox process [J]. Water science and technology,1996,34(1/2):119-128.

[96] 王亚宜,彭永臻,殷芳芳,等.双污泥 SBR 工艺反硝化除磷脱氮特性及影响因素[J].环境科学,2008,29(6):1526-1532.

[97] 沈耀良,王宝贞.废水生物处理新技术:理论与应用[M].北京:中国环境科学出版社,1999.

# 第 3 章　短程硝化-反硝化除磷效果与微生物特性研究

## 3.1　短程硝化系统启动

采用两级 SBR 双污泥系统,对模拟生活污水进行短程硝化反硝化脱氮除磷效果研究。系统包括一个微曝气 N-SBR 短程硝化活性污泥系统和一个厌氧/缺氧交替运行的 A²-SBR 除磷活性污泥系统。在 SBR 双污泥系统运行之前,先分别对 N-SBR 和 A²-SBR 两个反应器进行短程硝化细菌和反硝化聚磷菌的富集,研究两个反应器运行影响因素。两级 SBR 反应器是采用有机玻璃制成的,N-SBR反应器主要进行短程硝化反应,其排水中含有大量的 $NO_2^- $-N,可为 A²-SBR 缺氧吸磷提供电子受体,N-SBR 在运行过程中要合理控制曝气量和电动机搅拌速度,实时监测溶解氧含量,泥水充分混合使短程反硝化顺利进行。A²-SBR 为反硝化除磷反应器,主要进行厌氧释磷缺氧吸磷反应,A²-SBR 运行过程中要制定好厌氧释磷和缺氧吸磷的时间,使反硝化除磷效率最大。两级 SBR 双污泥系统运行的关键为:首先,N-SBR 短程硝化结束的出水时间与 A²-SBR缺氧吸磷的开始时间相同,这样 N-SBR 中生成的 $NO_2^- $-N 才能完全被 A²-SBR 反硝化除磷所利用,避免造成电子受体 $NO_2^- $-N 不足或是残留影响出水水质;其次,确保 N-SBR 出水中 $NO_2^- $-N 的浓度恰好满足 A²-SBR 反硝化除磷的需要。两级 SBR 系统是由两个 SBR 串联组成的,N-SBR 出水流入 A²-SBR 中。N-SBR 为立方体有机玻璃容器,其长、宽、高分别为 250 mm、200 mm、250 mm,有效容积 10 L,其运行模式为瞬时进水—好氧短程硝化—沉淀—排水—闲置。反硝化除磷反应器 A²-SBR 为圆柱体有机玻璃容器,底部为球冠,内径 255 mm,高 740 mm,有效容积 30 L,其运行模式为瞬时进水—厌氧搅拌—缺氧搅拌—沉淀—排水—闲置。两个反应器侧面都设有接样口,下部设有出水口,底部设有排泥口,由电动搅拌机进行搅拌,N-SBR 中好氧硝化通过鼓风机连接微孔曝气头曝气实现,由气体流量计控制曝气量的大小,出水设有液体流量计,控制出水进入 $A^2$-SBR 的流速,系统中进水、排水、搅拌、曝气等都通过时控器和电磁阀控制。

硝化反应包括亚硝化过程和硝化过程两步骤反应。亚硝化过程即氨氮氧化菌(AOB)将氨氮氧化为亚硝态氮的反应;硝化过程即亚硝酸盐氧化菌(NOB)将亚硝酸盐氧化为硝酸盐的反应。亚硝化过程的发生是硝化过程发生的前提,亚硝化过程发生为硝化过程发生提供底物,二者一前一后发生。短程硝化反应即把硝化反应控制在亚硝化反应阶段,通过选择性抑制亚硝酸盐氧化菌 NOB 的生长,使氨氧化菌 AOB 的大量富集得以实现。因此,实现氨氧化菌 AOB 富集,使硝化反应停止在 $HNO_2$ 阶段,出现亚硝酸盐积累是短程硝化反应的关键。据文献报道,在 $NH_4^+$ 被全部降解完的时刻,pH 值会骤然降低,出现一个"氨谷",此刻及时停止曝气,可以实现对 $NO_2^-$-N 的积累。因此,本节短程硝化污泥的驯化可以通过反应过程中检测 pH 值来确定短程硝化反应的结束,进而促成对 $NO_2^-$-N 的积累。此外,本试验采用进水氨氮高低两个不同浓度对 AOB 进行驯化。

### 3.1.1 曝气时间确定

短程硝化反应过程中 pH 值以及"三氮"浓度随时间的变化情况如图 3.1、图 3.2 所示,可以看出,在反应进行到 390 min 时,pH 值骤然降低,$NH_4^+$-N 已被降解完全,即出现"氨谷"。在反应过程中,$NO_2^-$-N 与 $NO_3^-$-N 浓度增加,在反应进行到 360 min 时,$NO_2^-$-N 浓度达到最大值,随反应继续进行 $NO_2^-$-N 浓度开始下降,说明 360 min 后,$NO_2^-$-N 开始向 $NO_3^-$-N 转化,为保证 $NO_2^-$-N 积累,氨氧化反应结束后应立即停止曝气,初步拟定短程硝化反应曝气时间为 360 min。

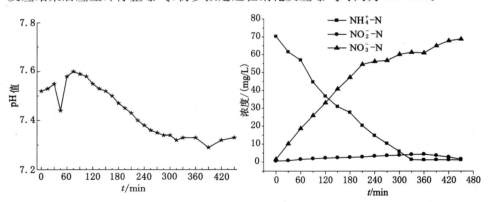

图 3.1　短程硝化反应 pH 值变化　　　图 3.2　短程硝化反应"三氮"浓度变化

## 3.1.2　低浓度氨氮驯化期

试验污泥取自沈阳市北部污水处理厂沉降池,采用低氧曝气方式驯化短程硝化菌种,控制反应条件:pH 值为 7.5,温度为 25～27 ℃,维持溶解氧浓度为 0.5～0.6 mg/L,进水氨氮浓度为 30～40 mg/L。运行模式采用瞬时进水、好氧曝气搅拌 360 min、沉淀 30 min、瞬时排水。本阶段共运行 7 d,每天运行 2 个周期。

由图 3.3 可以看出,驯化过程中出水氨氮浓度随着驯化周期的增加逐渐降低,由第 1 周期的 27.7 mg/L 降低到第 14 周期的 2.1 mg/L,这是由于进水初期氨氮浓度不高,不足以满足硝化过程所需,导致微生物进行内源呼吸或死亡,从而导致出水氨氮浓度较高。经过连续几天的驯化,系统中微生物逐渐适应了低氨氮浓度的环境,氨氧化菌量逐渐稳定。由图 3.4 可知,随着反应过程进行,出水 $NO_3^- -N$ 浓度逐渐降低,说明此时硝酸盐氧化菌逐渐在系统中处于劣势直至被淘汰,$NO_2^- -N$ 浓度逐渐升高,由第 1 周期的 0.5 mg/L 升高到第 14 周期的 25.5 mg/L,亚硝酸盐积累率达到 82.3%。可见在 DO 值为 0.5～1 mg/L 时,氨氧化菌对氧的亲和力比亚硝化菌要强,所以在污泥系统中氨氧化菌将会占据优势地位,成为优势菌种,使 $NO_2^- -N$ 得到积累。

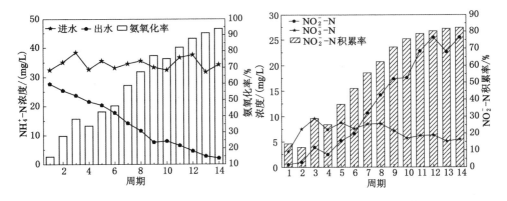

图 3.3　$NH_4^+ -N$ 浓度变化　　　　图 3.4　$NO_2^- -N$ 和 $NO_3^- -N$ 浓度变化

## 3.1.3　高浓度氨氮驯化期

据资料记载,当 $NO_2^- -N$ 积累率超过 50% 时,即可认为系统内发生了亚硝化积累现象[1]。经过进水低浓度氨氮驯化 14 个周期后,系统内已经积累了一定量的氨氧化菌,$NO_2^- -N$ 的积累率稳定在 80% 以上,在此基础上,升高进水氨氮浓度到 67～80 mg/L,其他运行条件不变进行驯化。本阶段共计 7 d,运行 14 个周期。

图 3.5 与图 3.6 反映了高浓度氨氮(69.8～80.1 mg/L)进水下的氨氧化率和 $NO_2^-$-N 的积累率。由图可见,在低浓度氨氮驯化结束时氨氧化率已达到 90% 以上,但高浓度氨氮驯化初期氨氧化率只有 30% 左右,这是因为高浓度氨氮进水驯化的初期,系统中原有的氨氧化菌数量较少,不足以完全将氨氮氧化,使得出水氨氮浓度较高,随着后续的驯化,系统逐渐适应了高浓度氨氮进水,到第 14 个周期时,氨氧化率提高到了 94% 左右,出水 $NH_4^+$-N 浓度降到 4.1 mg/L。出水 $NO_3^-$-N 浓度初期较高,随反应进行逐渐降低,由驯化初期的 10.8 mg/L 降低到驯化末期的 3.6 mg/L。出水 $NO_2^-$-N 浓度升高的速度较快,由第 1 个周期的 9.8 mg/L 上升到第 14 个周期时的 61.5 mg/L,$NO_2^-$-N 积累率达到 94.5%。此时,短程硝化效果明显,氨氧化菌驯化成功。

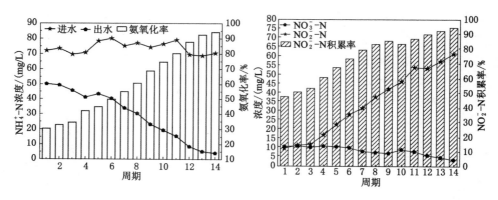

图 3.5　$NH_4^+$-N 浓度变化　　　　图 3.6　$NO_2^-$-N 和 $NO_3^-$-N 浓度变化

# 3.2　短程硝化运行参数及影响因素分析

## 3.2.1　温度的影响

### 3.2.1.1　温度对短程硝化稳定性的影响

图 3.7～图 3.9 反映了 3 个进水温度段(11～14 ℃、15～20 ℃、30～33 ℃)各运行 20 d 系统"三氮"的浓度变化及亚硝态氮的积累情况。控制反应条件为:进水氨氮浓度范围为 83.6～94.3 mg/L,COD 为 220 mg/L 左右,曝气量为 100 m³/h,反应时间为 260 min,DO 浓度为 1.0～1.2 mg/L,pH 值为 7.5～7.8,MLVSS 维持在 2 000 mg/L 左右,SRT 控制在 12 d 左右。

本试验于 2 月中旬开始进行。由于该室内没有暖气,在不控制温度情况

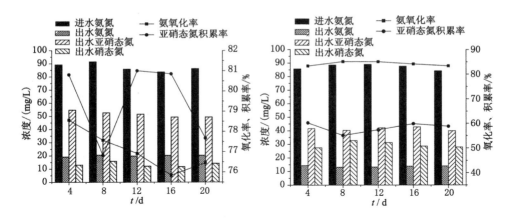

图 3.7　11～14 ℃"三氮"浓度变化情况　　　图 3.8　15～20 ℃"三氮"浓度变化情况

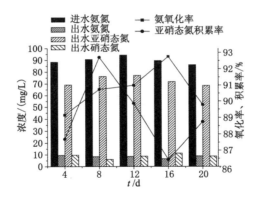

图 3.9　30～33 ℃"三氮"浓度变化情况

下进水温度范围为 11～14 ℃,此时出水硝态氮、亚硝态氮平均浓度分别为 13.38 mg/L、51.56 mg/L,平均氨氧化率、亚硝态氮积累率分别为 77.0%、79.5%,说明在此温度范围内氨氧化菌活性降低,这与李松良等[2]提出的温度低于 15 ℃硝化速率会降低,低温会严重影响亚硝酸菌活性,出现 HNO₂ 积累的结论相一致。

　　随着装置运行到 4 月,进水温度达到 15～20 ℃,出水平均硝态氮、亚硝态氮浓度分别为 29.66 mg/L、41.38 mg/L,证明 15～20 ℃范围内硝化过程中产生的亚硝态氮大部分已被氧化成硝态氮。此温度范围内氨氧化菌活性受到抑制,亚硝酸菌活性增强。袁林江等[3]认为温度为 15～30 ℃的时候,亚硝酸盐可完全被氧化为硝酸盐,本试验在严格控制 pH 值和 DO 浓度等条件下,仍然有短程反硝化现象发生,有 58.3% 亚硝态氮积累率,说明温度不是唯一一个影响短程反硝化的因素,在适当控制运行条件的情况下,仍可实现短程反硝化,达到 $HNO_2$ 的积累。

系统运行到 8 月,室内温度达 25 ℃ 以上,通过水浴加热装置控制进水温度在 30～33 ℃,由图 3.9 可知此时系统平均氨氧化率为 90.6%,平均亚硝态氮积累率为 89.1%,出水平均硝态氮、亚硝态氮浓度为 8.8 mg/L、72.58 mg/L,可以看出温度超过 30 ℃ 后,氨氧化菌活性变强,亚硝化效果明显,这与高大文等[4]的研究结论相近。

综上可知,本试验在 11～14 ℃ 温度段及 30～33 ℃ 温度段氨氧化菌活性较好,短程硝化效果明显。

### 3.2.1.2 温度对短程硝化速率的影响

由于亚硝态氮积累率在温度为 15～20 ℃ 时比较低,为 58.3%,采用延长反应时间的方式提高亚硝化反应速率,在其他运行条件不变的情况下,温度在 15～20 ℃ 时反应时间设为 540 min,其他两个温度段反应时间维持在 360 min 不变,考察不同温度下短程硝化氨氧化速率和亚硝化速率。

由表 3.1 可以看出,系统中微生物生长速度随着温度的升高而加快。由于 15～20 ℃ 温度段反应时间较长,因此氨氮去除效果最好,出水氨氮浓度为 11.3 mg/L,表明在 15～20 ℃ 温度段氨氧化菌活性低的情况下,可以通过延长反应时间的方式改善亚硝态氮积累效果,此结论与尚会来等[5]研究的结论相一致。反应结束系统内累计亚硝态氮浓度与反应温度成正比,3 个温度段系统出水亚硝态氮浓度分别为 50.7 mg/L、51.6 mg/L 和 69.1 mg/L。前两个温度段的系统合成亚硝态氮浓度相近,30～33 ℃ 时短程硝化效果较好。本试验通过延长反应时间的方式提高 15～20 ℃ 温度段出水亚硝态氮浓度,其平均氨氧化速率和平均亚硝化速率分别为 3.76 mg/(g·h) 和 2.51 mg/(g·h),最大比氨氧化速率和最大比亚硝化速率分别为 5.40 mg/(g·h) 和 3.67 mg/(g·h)。当温度为 30～33 ℃ 时氨氧化及亚硝化效果均最好,最大比氨氧化速率和最大比亚硝化速率分别是 11～14 ℃ 温度段的 1.70 倍和 1.53 倍,是 15～20 ℃ 温度段的 1.74 倍和 2.14 倍,说明温度对氨氧化反应的影响要小于对亚硝化反应的影响;氨氧化率与温度成正比,温度越高氨氮去除效果也越好,亚硝化积累率并非与温度成正相关,在较低温度段 11～14 ℃ 和较高温度段 30～33 ℃ 时,亚硝态氮积累效果较好。

**表 3.1　短程硝化过程关键参数**

| 工况/℃ | 时间/min | 平均VSS/(g/L) | 反应开始氨氮浓度/(mg/L) | 反应结束氨氮浓度/(mg/L) | 反应开始亚硝态氮浓度/(mg/L) | 反应结束亚硝态氮浓度/(mg/L) | 平均氨氧化速率/[mg/(g·h)] | 最大比氨氧化速率/[mg/(g·h)] | 平均亚硝化速率/[mg/(g·h)] | 最大比亚硝化速率/[mg/(g·h)] |
|---|---|---|---|---|---|---|---|---|---|---|
| 11~14 | 360 | 2.10 | 89.1 | 30.7 | 2.1 | 50.7 | 4.61 | 5.52 | 3.84 | 5.14 |
| 15~20 | 540 | 2.20 | 85.7 | 11.3 | 1.9 | 51.6 | 3.76 | 5.40 | 2.51 | 3.67 |
| 30~33 | 360 | 2.13 | 88.4 | 15.6 | 2.1 | 69.1 | 5.69 | 9.38 | 5.24 | 7.87 |

## 3.2.2　pH 值的影响

### 3.2.2.1　不同 pH 值的短程硝化效果

短程硝化反应过程中 pH 值是一个重要影响因素,其能够影响微生物薄膜的通透性及表面带电性。微生物种类不同新陈代谢反应的最佳 pH 值范围也不相同。pH 值的变化能够引起游离氨 FA 浓度的变化,见式(3.1)。据资料记载[6],FA 对氨氧化菌 AOB 的抑制浓度为 10~150 mg/L,对亚硝酸盐氧化菌 NOB 的抑制浓度为 0.1~1.0 mg/L。在污水生物处理过程中,保持最佳的 pH 值范围至关重要。此外,反应器内微生物生化反应又能够引起 pH 值的上升或下降。

$$[FA] = \frac{17}{14} \frac{[NH_4^+\text{-}N] \times 10^{pH}}{\exp\left[\dfrac{6\,334}{273+T}\right] + 10^{pH}} \tag{3.1}$$

式中　[FA]——游离氨浓度,mg/L;

　　　[NH_4^+\text{-}N]——氨氮浓度,mg/L;

　　　$T$——温度,℃。

表 3.2 是温度为 28 ℃条件下,进水氨氮浓度为 80 mg/L 时,不同进水初始 pH 值所对应的 FA 浓度的理论值。由表可见,pH 值与 FA 浓度成正相关,随 pH 值的升高,FA 浓度增大。FA 对 NOB 的抑制浓度范围为 0.1~1.0 mg/L,对 AOB 的抑制浓度范围为 10~150 mg/L,理论上,pH 值为 6.7~7.1 时,FA 浓度为 0.35~0.88 mg/L,此时对 NOB 有一定程度的抑制作用,且随 FA 浓度的增大抑制作用增强,对 AOB 没有抑制作用,短程硝化反应不受其影响;pH 值为 7.2~8.0 时,FA 浓度为 1.11~6.58 mg/L,大于对 NOB 的抑制浓度范围且小于对 AOB 的抑制浓度范围,有利于短程硝化反应的进行。

表 3.2 pH 值对 FA 浓度的影响

| pH 值 | 6.7 | 6.8 | 6.9 | 7.0 | 7.1 | 7.2 | 7.3 | 7.4 | 7.5 | 7.6 | 7.7 | 7.8 | 7.9 | 8.0 |
|---|---|---|---|---|---|---|---|---|---|---|---|---|---|---|
| FA 浓度/(mg/L) | 0.35 | 0.44 | 0.58 | 0.70 | 0.88 | 1.11 | 1.39 | 1.74 | 2.18 | 2.73 | 3.41 | 4.26 | 5.30 | 6.58 |

本试验以驯化好的短程硝化污泥为研究对象,测定 pH 值为 6.7～7.1、7.2～7.5、7.6～8.0 范围时,42 个周期内系统的氨氮浓度和去除率以及亚硝态氮浓度和亚硝态氮积累率,考察不同 pH 值对短程硝化效果的影响,确定短程硝化反应最佳的 pH 值范围。试验过程中通过 0.1 mol/L 的 NaOH 和 HCl 溶液调节 pH 值,控制反应条件如下:进水 COD 为 230～250 mg/L,氨氮浓度为 75～85 mg/L,温度为 28 ℃,HRT 为 6 h,DO 浓度为 1.2～2.0 mg/L,MLSS 为 3 500～3 800 mg/L。

图 3.10 为 pH 值为 6.7～7.1、7.2～7.5、7.6～8.0 时的氨氮去除效果。进水氨氮浓度为 78.3～83.7 mg/L,平均浓度为 80.89 mg/L。由图可见,系统 pH 值为 6.7～7.1 时,出水氨氮浓度为 11.6～13.6 mg/L,平均浓度为 12.84 mg/L,氨氮去除率为 82.54%～85.93%,平均去除率为 84.12%,表明在此 pH 值范围内氨氧化菌和亚硝酸盐氧化菌活性较好,该段 pH 值范围内系统中游离氨 FA 浓度小,对硝化反应影响小。在 pH 值为 7.2～7.5 时,出水氨氮浓度 7.4～10.1 mg/L,平均浓度为 8.54 mg/L,氨氮去除率为 87.67%～90.92%,平均去除率为 89.48%,可知在此段 pH 值范围内氨氮去除效果较好,氨氧化菌活性最强,合成 FA 量少,对氨氧化菌的毒性小,短程硝化反应进行得较彻底,氨氮去除率高。pH 值为 7.6～8.0 时,出水氨氮浓度为 7.1～9.4 mg/L,平均浓度为 8.09 mg/L,氨氮去除率为 88.21%～91.21%,平均去除率为 90.00%,仅比 pH 值为 7.2～7.5 时高 0.52 个百分点,说明对于本试验提高 pH 值有利于短程硝化反应的进行。但据资料记载,pH 值过高,FA 浓度超过 9 mg/L 后反而对氨氧化菌有抑制作用,影响短程硝化的实现[7]。

在不同 pH 值条件下,系统出水硝态氮、亚硝态氮浓度和亚硝态氮的积累情况如图 3.11 所示,反应过程中系统进水氨氮浓度为 79.4～83.4 mg/L。

由图可见,当 pH 值为 6.7～7.1 时,测得 FA 浓度范围为 0.35～0.86 mg/L,在 NOB 的抑制浓度(0.1～1.0 mg/L)范围内,此时亚硝酸菌的生长受到一定程度抑制,但是短程硝化反应可以实现,出水平均亚硝态氮积累率为 78.96%,出水硝态氮、亚硝态氮平均浓度分别为 13.93 mg/L 和 52.34 mg/L。当 pH 值为 7.2～7.5 时,短程硝化效果较好,该阶段亚硝态氮平均积累率为 90.15%,出水亚硝态氮平均浓度为 63.91 mg/L,出水硝态氮平均浓度为 6.98 mg/L,FA 平均浓度为 1.35 mg/L。分析认为,反应器初始 FA 浓度并不在 AOB 和 NOB 的抑制范围内,

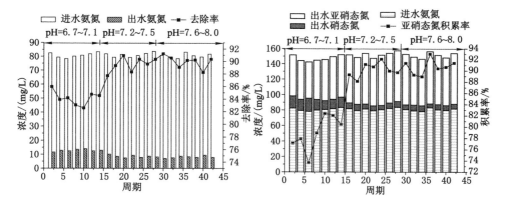

图 3.10　不同 pH 值下氨氮去除情况　　图 3.11　不同 pH 值下亚硝态氮积累情况

但随着反应的进行,短程硝化好氧产酸,pH 值会随之降低,FA 浓度逐渐降低到 1 mg/L 以下,NOB 受到抑制,短程硝化反应速率进一步提高。同理,pH 值为 7.6～8.0 时,初始 FA 平均浓度为 4.82 mg/L,并不会影响氨氧化和亚硝化反应,随着反应的持续,受好氧产酸的影响,NOB 继续受到抑制,AOB 活性没有受到影响,此时出水硝态氮、亚硝态氮平均浓度分别为 6.53 mg/L 和 64.11 mg/L,平均亚硝态氮积累率为 90.73%。由此可见,短程硝化反应的最佳 pH 值范围为 7.6～8.0。

**3.2.2.2　不控制 DO 浓度与控制 DO 浓度情况下 pH 值对亚硝态氮积累率的影响**

　　以驯化好的短程硝化污泥为介质,研究不控制 DO 浓度和控制 DO 浓度两种情况下,pH 值对短程硝化的影响。控制试验过程中条件如下:进水氨氮浓度为 80～83 mg/L,初始 pH 值为 7.2～7.5,温度为 28 ℃,连续 40 d 测定不控制 DO 浓度和控制 DO 浓度情况下硝态氮及亚硝态氮浓度变化情况。

　　在起始 pH 值为 7.2～7.5,FA 浓度为 0.89～1.89 mg/L 条件下,不对 DO 浓度进行控制时,硝态氮及亚硝态氮浓度变化情况如图 3.12 所示。由图可见,在反应进行到 26 d 以前,亚硝酸菌活性受到明显抑制,出水硝态氮平均浓度为 9.21 mg/L,亚硝态氮平均积累率达到 87.88%,短程硝化效果明显;但从第 28 天开始,亚硝态氮积累率逐渐开始下降,由第 28 天时的 70.1% 下降到第 40 天时的 18.41%,出水硝态氮浓度由 22.9 mg/L 上升到 62.5 mg/L,28 d 以后短程硝化反应已完全被破坏转变成全程硝化反应。可见,在单纯控制 pH 值和 FA 浓度而不控制 DO 浓度的情况下,短程硝化反应并不稳定。

　　控制系统 DO 浓度为 0.8～2 mg/L,其他条件不变,亚硝态氮积累情况如

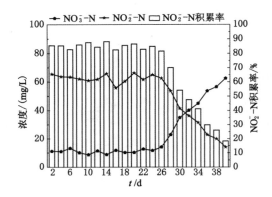

图 3.12　不控制 DO 浓度情况下 pH 值对 $NO_2^-$-N 积累的影响

图 3.13 所示。由图可见,连续运行 40 d 后,亚硝态氮、硝态氮平均出水浓度为 66.88 mg/L 和 11.32 mg/L,亚硝态氮的平均积累率达到 85.56%,短程硝化反应基本稳定。在反应到第 18 天时亚硝态氮积累率突然降低到 78.4%,这是由于在反应第 16 天时系统排泥过量所致,之后几天又逐渐恢复到正常排泥的反应效果。可见,在控制 pH 值和 DO 浓度的情况下,短程硝化效果稳定。

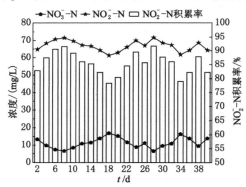

图 3.13　控制 DO 浓度情况下 pH 值对 $NO_2^-$-N 积累的影响

### 3.2.2.3　短程硝化过程中 pH 值的变化

试验过程中控制系统进水 COD 浓度为 210 mg/L,氨氮浓度为 82.3 mg/L,温度为 28 ℃,pH 值为 7.8,DO 浓度为 1~2 mg/L,反应时间设为 6 h,测定短程硝化过程中 COD、氨氮、亚硝态氮浓度及 pH 值变化情况。

由图 3.14 可以看出,在短程硝化反应过程的前 45 min,pH 值变化明显,先骤然降低后又迅速升高,分析认为反应前 45 min 为氨氮吸附和有机物吸附降解阶段,pH 值下降主要是因为微生物在降解有机物的过程中会产生一定量的

$CO_2$，$CO_2$ 与水中的 $H^+$ 结合生成 $H_2CO_3$ 使系统内 pH 值下降；同时，有机物降解过程中会产生一些小分子有机酸，也会导致体系内 pH 值下降。随后 pH 值上升是由于曝气作用使系统产生的 $CO_2$ 被吹脱出体系，溶液中的 $CO_2$ 浓度降低，使系统内的 pH 值迅速升高。在反应到 45～330 min 时 pH 值逐渐降低，是因为随着短程硝化反应的进行，$H^+$ 浓度逐渐增大，pH 值逐渐降低。在反应进行到最后 30 min 时，pH 值骤然升高到 7.92，比反应起始阶段 pH 值还要高，这是因为，随着短程硝化反应的结束，体系内 $H^+$ 已消耗殆尽，剩余碱度随着曝气以 $CO_2$ 形式被吹脱，pH 值迅速升高，待多余 $CO_2$ 被吹脱结束后，pH 值会逐渐趋于稳定。在反应前 45 min，亚硝态氮浓度基本没有变化，说明短程硝化反应并未发生，但氨氮浓度却有少量的降低，分析认为是由于异养微生物对氨氮进行了吸附和合成代谢作用[8]。在反应前 45 min，无机碳源迅速被消耗，导致 COD 浓度迅速下降，反应到 45 min 时，体系中 COD 浓度为 50.1 mg/L，去除率达到 76.14%；45 min 后 COD 浓度变化很小，证明有机物氧化已经结束，短程硝化反应逐渐开始，此时 pH 值开始降低，该 pH 值点可以称作有机物氧化结束和短程硝化开始的转折点。此后亚硝态氮开始积累，短程硝化反应结束时出水亚硝态氮浓度为 71.4 mg/L。

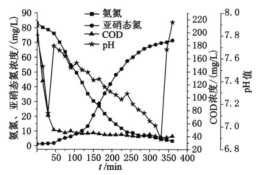

图 3.14　短程硝化过程中氨氮、亚硝态氮、COD 浓度及 pH 值的变化

综上所述，有机物氧化及短程硝化反应与 pH 值密切相关，可通过 pH 值的变化判断反应的开始与结束，进而能够为短程硝化反应的进行提供可靠的控制参数。

### 3.2.3　SRT 的影响

#### 3.2.3.1　不同 SRT 对亚硝态氮浓度的影响

污泥龄 SRT 是系统中污泥量增殖一倍所需要的平均时间，SRT 越长代表微生物在系统内停留的时间越长。当 SRT 大于菌种的世代周期时，菌种才能在系统中积累。由于亚硝酸菌的世代周期比氨氧化菌的长,因此可以控制 SRT 处于氨氧化菌的世代周期和亚硝酸菌的世代周期之间,使氨氧化菌在系统中得到积累,亚硝酸菌被淘洗出系统,从而实现短程硝化。试验过程中,控制 COD 浓度为 180 mg/L,氨氮的浓度范围为 79.1～84.5 mg/L。

为考察 SRT 对短程硝化效果的影响,反应器设置了 3 个污泥龄运行条件:4 d、8 d 和 12 d,分别运行 7 d,图 3.15 反映了氨氮和亚硝态氮浓度在 3 个不同污泥龄条件下的变化情况。结果显示,氨氮去除率随着 SRT 的增加而增加,3 个不同的 SRT 中,氨氮平均出水浓度分别为 21.43 mg/L、8.77 mg/L、7.36 mg/L,氨氮的平均去除率分别为 73.67%、89.29%、91.06%。分析其原因为微生物在系统中的停留时间随着 SRT 增加而增加,硝化反应会更彻底,因此氨氮去除率也更高。SRT 为 8 d 时,亚硝态氮积累率最大,平均为 89.43%,SRT 为 4 d 和 12 d 时,亚硝态氮平均积累率分别为 68.15% 和 67.15%。这是因为 SRT 为 4 d 时小于氨氧化菌的世代周期,氨氧化菌被排出系统,短程硝化反应不彻底,亚硝态氮积累率低;SRT 为 8 d 时处于氨氧化菌的世代周期和亚硝酸菌的世代周期之间,因此,亚硝酸菌被淘洗出系统,氨氧化菌成为优势菌种,亚硝态氮积累率高;SRT 为 12 d 时既大于氨氧化菌的世代周期,也大于亚硝酸菌的世代周期,亚硝酸菌在系统内积累率高,生成的亚硝态氮进一步被氧化为硝态氮,亚硝态氮积累率降低,短程硝化渐渐向全程硝化转变。

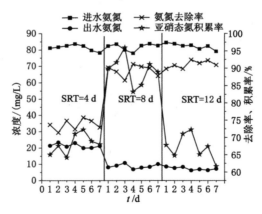

图 3.15　不同 SRT 条件下的短程硝化效果

图 3.16 反映了系统中的亚硝态氮和氨氮浓度在 3 个不同 SRT 周期内随时间的变化情况。由图可见,在 3 个不同的 SRT 中,随着反应时间增加,亚硝态氮浓度也增加,其中:SRT 为 8 d 时系统中亚硝态氮浓度达到最大,为

64.7 mg/L；SRT 为 4 d 和 12 d 时，系统中亚硝态氮浓度分别为 37.4 mg/L 和 49.9 mg/L，与 SRT 为 8 d 时相比分别降低 42.19％和 22.87％。从图中可以看出，氨氮的去除率与 SRT 成正比，SRT 为 4 d 和 8 d 时，出水氨氮浓度分别为 21.2 mg/L 和 10.9 mg/L，SRT 为 12 d 时，氨氮去除率最高，出水氨氮浓度为 8.6 mg/L，但与 SRT 为 8 d 时相差不大。综合考虑，取 8 d 为短程硝化反应最佳污泥龄。

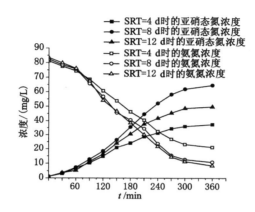

图 3.16　不同 SRT 条件下的亚硝态氮和氨氮浓度变化

### 3.2.3.2　SRT 对短程硝化反应速率的影响

从 SRT 与污泥浓度（MLVSS）的关系图（图 3.17）中可以看出两者呈线性关系，SRT 越大表明污泥在系统中停留的时间越长，污泥在反应器中积累的浓度也就越高。从短程硝化过程的关键参数可以看出，SRT 越大，系统内微生物生长速度越快，污泥浓度（MLSS、MLVSS）越大，见表 3.3。在 3 种不同的 SRT 条件下，最大比氨氧化速率比较相近，分别为 7.40 mg/(g·h)、8.06 mg/(g·h)、7.82 mg/(g·h)。随着 SRT 的增加，氨氧化菌在反应器中停留时间延长导致短程硝化反应更加充分，氨氧化反应速率提高，但是由于 SRT 增大后，MLVSS 也随之增大，单位质量污泥中所含的氨氧化菌数量与活性不一定提高，因此，随着 SRT 的增大氨氧化速率并没有很大变化。在 3 种不同的 SRT 条件下，亚硝态氮积累速率有很大变化，SRT 为 8 d 时，最大比亚硝态氮积累速率为 7.38 mg/(g·h)，是 SRT 为 4 d 和 12 d 条件下的 1.40 倍和 1.46 倍。由此可见，SRT 为 8 d 条件下，氨氧化菌活性较强且亚硝化菌活性较弱，亚硝态氮积累速率最大，短程硝化反应彻底。

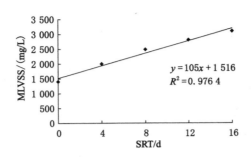

图 3.17　SRT 与污泥浓度(MLVSS)的关系

表 3.3　短程硝化过程关键参数

| 参数名称 | SRT=4 d | SRT=8 d | SRT=12 d |
|---|---|---|---|
| MLSS/(mg/L) | 3 220 | 3 650 | 4 060 |
| MLVSS/(mg/L) | 2 000 | 2 480 | 2 800 |
| 平均氨氧化速率/[mg/(g·h)] | 5.00 | 4.82 | 4.34 |
| 最大比氨氧化速率/[mg/(g·h)] | 7.40 | 8.06 | 7.82 |
| 平均亚硝态氮积累速率/[mg/(g·h)] | 3.03 | 4.27 | 2.91 |
| 最大比亚硝态氮积累速率/[mg/(g·h)] | 5.27 | 7.38 | 5.06 |

### 3.2.4　DO 浓度的影响

　　DO 作为影响短程硝化效果的重要控制参数之一,其浓度的变化会引起微生物活性及种群结构的变化。据资料[9]记载:氨氧化菌对 DO 的亲和力比亚硝酸菌强,氨氧化菌的氧饱和常数一般小于亚硝酸菌,氨氧化菌的氧饱和常数范围为 0.2~0.4 mg/L,亚硝酸菌的氧饱和常数范围为 1.2~1.5 mg/L。因此,系统如果长期保持在低溶解氧的状态下运行,亚硝酸菌生长就受到抑制,氨氧化菌会逐渐成为优势菌种,从而实现短程硝化反应。本试验设置了 3 个 DO 浓度范围,分别为 0.2~0.5 mg/L、0.5~1.2 mg/L 和 1.2~3.0 mg/L,控制 COD 浓度为150 mg/L,进水氨氮浓度范围为 77.2~83.9 mg/L,初始 pH 值为 7.3~7.5,水温为 25~27 ℃,MLVSS 为 2 200 mg/L,每个 DO 浓度状态运行 7 d,测定各出水指标的浓度。

3.2.4.1　DO 浓度对短程硝化效果的影响

　　由图 3.18、图 3.19 可知,当 DO 浓度为 0.2~0.5 mg/L 时,氨氮的去除率较低,约为 66.99%,亚硝态氮积累率较高,为 92.29%,出水亚硝态氮浓度为47.27 mg/L。分析其原因主要为氨氧化菌和亚硝酸菌均是好氧菌,DO 浓度降低时,氨氧化菌的活性会受到一定程度的抑制,因此氨氮去除率较低,但是,氨氧化菌对 DO 的亲和力比亚硝酸菌强,所以 DO 浓度较低时,DO 优先与氨氧化菌结合,氨氧化菌成为优势菌种,亚硝态氮积累率较高。DO 浓度范围为 0.5～1.2 mg/L 时,氨氮去除率为 89.31%,亚硝态氮积累率为 90.62%,出水亚硝态氮浓度为 62.06 mg/L,可见,该 DO 浓度段氨氮去除效果与亚硝态氮积累效果均比较好。DO 浓度范围为 1.2～3.0 mg/L 时,氨氮去除率继续升高,达 91.27%,此时氨氧化菌和亚硝酸菌活性都很高,硝酸盐大量积累,亚硝态氮积累率降低到 70.16%,但此时氨氧化菌仍为优势菌种,由此能推断出如果继续升高 DO 浓度,亚硝酸菌活性将持续增强,短程硝化过程也将转化为全程硝化。因此,DO 浓度较低时,亚硝酸菌的生长会受到抑制,这样既能保持短程硝化过程的顺利进行,又能减少曝气量、降低能耗,具有一定的工程意义。本试验得出的最佳 DO 浓度范围为 0.5～1.2 mg/L。

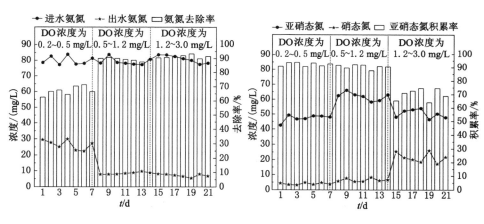

图 3.18　不同 DO 浓度下氨氮去除效果　　　图 3.19　不同 DO 浓度下亚硝态氮积累效果

图 3.20 为不同 DO 浓度下系统中最大比氨氧化速率的变化示意图,结果显示,最大比氨氧化速率与 DO 浓度呈正相关,在 DO 浓度为 1.2～3.0 mg/L 时最大比氨氧化速率达到最大,为 9.59 mg/(g·h),DO 浓度为 0.2～0.5 mg/L 时最大比氨氧化速率为 6.95 mg/(g·h),DO 浓度为 0.5～1.2 mg/L 时最大比氨氧化速率为 8.45 mg/(g·h)。

图 3.21 为不同 DO 浓度下最大比亚硝态氮积累速率的变化示意图,结果显示,最大比亚硝态氮积累速率与 DO 浓度并不呈正相关,DO 浓度为 0.5～1.2 mg/L 时,最大比亚硝态氮积累速率达到 8.36 mg/(g·h),并且相同 DO 浓

度下最大比亚硝态氮积累速率小于最大比氨氧化速率,且 DO 浓度为 0.5～1.2 mg/L 时,最大比亚硝态氮积累速率与最大比氨氧化速率的差距最小,说明此时短程硝化反应最彻底。

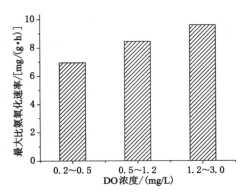

图 3.20　不同 DO 浓度下最大比　　　　图 3.21　不同 DO 浓度下最大比
　　　　氨氧化速率　　　　　　　　　　　　　亚硝态氮积累速率

由上述结果可知,DO 浓度过高或过低对亚硝酸盐积累都会产生不利影响,本试验得出短程硝化反应最佳 DO 浓度范围为 0.5～1.2 mg/L。

3.2.4.2　DO 浓度和 ORP 变化同亚硝化、COD 降解的关联

由图 3.22、图 3.23 可以看出,在短程硝化过程中 DO 浓度曲线与 ORP 曲线变化趋势大体相似,在反应的前 60 min,DO 浓度与 ORP 值均呈下降趋势,DO 浓度从 1.12 mg/L 下降到 0.25 mg/L,ORP 从 −50.3 mV 下降到 −120.2 mV,COD 浓度从 115.4 mg/L 下降到 5.5 mg/L,有机物消耗量较大,这段时间内氨氮、亚硝态氮及硝态氮的浓度变化很小,分析其原因为开始反应的前 60 min,主要发生了异养微生物对有机物分解和合成的代谢反应,微生物对有机物和氨氮产生吸附作用,表现为 COD 浓度的急剧下降及氨氮浓度的少量下降,而硝态氮和亚硝态氮的浓度基本没有变化,此时 DO 浓度和 ORP 值不断下降。反应 60 min 后,有机物消耗段结束,DO 浓度、ORP 值与亚硝态氮浓度曲线呈上升趋势,反应结束后 DO 浓度上升到 3.60 mg/L,ORP 值上升到 154.7 mV,氨氮浓度则下降到 7.8 mg/L,亚硝态氮浓度上升到 62.5 mg/L,而 COD 浓度与硝态氮浓度变化很小,说明反应 60 min 后异养微生物分解与合成的代谢反应结束,短程硝化反应开始。试验结果表明:DO 浓度、ORP 值与氮浓度变化之间呈良好的相关关系,DO 浓度和 ORP 值的特征点标志着短程硝化反应的开始和结束。

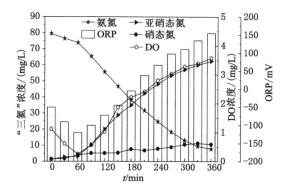

图 3.22  DO 浓度、ORP 变化与"三氮"转化的关联

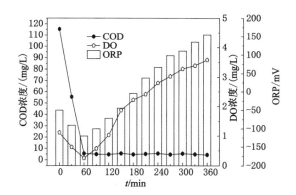

图 3.23  DO 浓度、ORP 变化与 COD 浓度的关联

# 3.3  SBR 反硝化除磷启动

## 3.3.1  快速启动方案对比研究

反硝化聚磷菌 DPAOs 的驯化和富集是开展反硝化除磷技术研究的关键，寻求反硝化聚磷菌快速驯化的方法，可实现反应器的快速启动。关于反硝化聚磷菌的驯化方式，主要有两阶段驯化法（厌氧/好氧、厌氧/缺氧）和三阶段驯化法（厌氧/好氧、厌氧/排水/二次进水/缺氧、厌氧/缺氧）[10]。现对以亚硝酸盐氮为电子受体的短程反硝化聚磷菌进行培养驯化，通过对驯化结果加以对比分析确定最佳的启动方案。

将闷曝后的活性污泥等量投入 A、B 两个反应器中，A、B 两个反应器分别采用两阶段驯化法和三阶段驯化法运行。运行期间,两个反应器进水水质相同,COD、总磷、氨氮浓度分别为 $170\sim220$ mg/L、$9\sim12$ mg/L 和 $5\sim10$ mg/L,系统泥水体积比为 1∶3,MLSS 保持在 $3\,300\sim3\,500$ mg/L,pH 值控制范围为 $7.5\sim7.8$,污泥沉降比(SV)为 30%,SRT 为 24 d。系统每天运行 3 个周期,每个周期运行 $5\sim6$ h。

两阶段驯化法:在第Ⅰ阶段对污泥采用厌氧/好氧交替的运行模式进行驯化,该阶段使传统好氧聚磷菌成为系统内的优势菌种;第Ⅱ阶段采用厌氧/缺氧交替的运行模式继续驯化,缺氧条件通过向系统中连续滴加亚硝酸盐溶液的方式实现,使亚硝酸盐氮成为 DPAOs 吸磷的电子受体。当污水中磷酸盐去除率较高并且持续稳定时,认为 DPAOs 驯化成功。三阶段驯化法:在厌氧/好氧和厌氧/缺氧运行模式之间增加了一个厌氧/排水/二次进水/缺氧环节,这一环节需要在厌氧反应结束进行沉淀、排水,然后重新向系统内加入不含有外碳源的模拟生活污水,这一步骤可以避免厌氧结束时污水中未被消耗的外碳源对缺氧反硝化吸磷反应的影响,有效限制常规反硝化菌的生长繁殖。

对比两种不同的驯化方式,发现三阶段驯化法更易于短程反硝化聚磷菌的驯化。采用三阶段驯化法成功启动以亚硝酸盐氮作为电子受体的短程反硝化除磷系统,其稳定运行过程中典型周期如图 3.24 所示,出水的 TP、COD 和 $NO_2^- \text{-N}$ 的去除率分别为 95.53%、87.01% 和 93.68%,质量浓度分别为 0.47 mg/L、22.39 mg/L 和 1.58 mg/L,达到《城镇污水处理厂污染物排放标准》(GB 18918—2002)一级标准 A 标准。

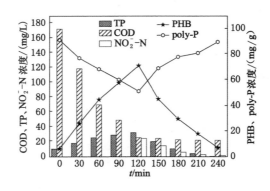

图 3.24　典型周期运行情况

通过理论分析和实验对比,厌氧/缺氧交替运行的方式可以成功驯化短程反硝化聚磷菌,三阶段驯化法时间更短,效率更高,能达到更好的污水处理效果。分析原因在于,三阶段驯化法的第Ⅱ阶段将厌氧释磷后未被利用的外碳源排出,并加入不含外碳源的模拟生活污水,使得接下来的缺氧吸磷过程不受外碳源的干扰。可以认为缺氧阶段外碳源浓度对反硝化聚磷作用的影响很大,因为厌氧后期系统内还存在耗氧有机物,若厌氧结束外碳源剩余量过多,更利于常规反硝化菌在缺氧阶段发生反硝化作用,从而与 DPAOs 形成对电子受体的竞争,导致缺氧吸磷受到抑制,不利于 DPAOs 的生长繁殖。在低浓度 COD 的条件下,短程反硝化聚磷菌将利用自身内碳源进行缺氧吸磷过程,因此,可以认为低浓度 COD 的环境有利于诱导产生更多的 DPAOs。

## 3.3.2 快速实现短程反硝化除磷的试验

系统脱氮除磷运行的关键是反硝化除磷系统的稳定运行,本节详细介绍了三阶段驯化法反硝化除磷系统的启动。

### 3.3.2.1 第一阶段运行结果及分析

第一阶段对传统聚磷菌进行驯化,PAOs 通过利用污水中的外碳源营养物质,水解细胞内的聚磷(poly-P)产生能量,将污水中的外碳源转化成自身内碳源 PHB 储存,这一过程可去除污水中的大部分有机物,并表现为厌氧释磷;在好氧阶段利用内碳源 PHB 以 $O_2$ 为电子受体超量吸磷,达到除磷目的。

本阶段采用厌氧/好氧模式连续运行 30 个周期对传统聚磷菌进行驯化,驯化过程中系统磷的去除情况如图 3.25 所示,在驯化初期磷的去除率很低,第 3 个周期时磷的去除率仅为 20.1%,在后续的运行过程中,聚磷菌逐渐成为优势菌种,磷的去除率逐渐升高,但提高的速率逐渐降低,第 30 个周期磷的去除率达到 93.45%,平均出水 TP 浓度为 0.8 mg/L,达到了城市污水排放标准,污泥除磷能力得到了平稳的提高,污泥的颜色也由棕色逐渐变为褐色,SV 由 60% 逐渐降到 30%。第 9 个周期磷的去除率骤然下降是由于系统运行时排水口阻塞,导致上一周期处理过的污水未能及时完全排放,进入第 9 周期参与反应。接下来的

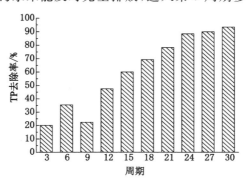

图 3.25 第一阶段 TP 去除率

几个周期系统运行稳定,TP 去除率平稳上升,虽然也会有少量 $NO_2^-$-N 和 $NO_3^-$-N 进入下个周期参与反应,但是充足的碳源短时间内足以将其反硝化,不会有反硝化菌与聚磷菌争夺碳源。可见 PAOs 已经成为系统中的优势菌种,即实现了以 $O_2$ 为吸磷电子受体的传统聚磷菌的驯化,为第二阶段短程反硝化聚磷菌的驯化和富集提供了十分有利的条件。

**3.3.2.2　第二阶段运行结果及分析**

第二阶段对反硝化聚磷菌进行驯化和富集。新加坡的 Hu 等[11]在研究中提出了 3 种聚磷菌,其中的一种利用氧、硝酸盐、亚硝酸盐作为电子受体的聚磷菌记为 PONn,本节在第一阶段驯化传统聚磷菌的基础上进行第二阶段短程反硝化聚磷菌的驯化,通过向缺氧阶段投加亚硝酸盐的方式实现缺氧吸磷,驯化过程中厌氧段排水是关键步骤,其目的是去除常规反硝化菌,对短程反硝化聚磷菌进行富集。

第二阶段的驯化共运行 96 个周期,其 $NO_2^-$-N、TP、COD 的去除情况如图 3.26 所示。在第 6 个周期时,TP、COD、$NO_2^-$-N 的去除率分别为 11.20%、56.62%、10.54%。整体趋势上可以看出,$NO_2^-$-N 和 TP 去除率联系紧密,COD 较 $NO_2^-$-N 和 TP 更加容易去除。随着驯化过程的进行,污水中短程反硝化聚磷菌逐渐成为优势菌种,去除污染物能力得到提高,第 96 个周期时,$NO_2^-$-N、TP、COD 的去除率分别达到了 91.78%、92.30%、94.70%,这说明反硝化聚磷菌驯化成功,亚硝酸盐作为电子受体反硝化除磷是可行的。聚磷菌在厌氧释磷的过程中,摄取有机物来合成大量的有机颗粒 PHB,进而去除了污水中的 COD;在缺氧过程中,聚磷菌利用 $NO_2^-$-N 为电子受体,分解体内 PHB 产生能量完成代谢过程,超量吸磷,达到了去除污水中磷酸盐和 $NO_2^-$-N 的目的。在第 60 周期

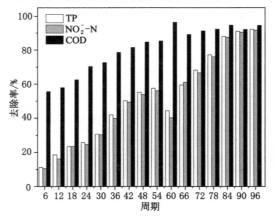

图 3.26　第二阶段 TP、$NO_2^-$-N、COD 去除率

时出现了 $NO_2^-$-N、TP 去除率降低,这是系统排泥不及时所致。$NO_2^-$-N、TP 去除率降低,但是 COD 去除率依然很高,这是由于系统中除了聚磷菌外还存在着其他可利用碳源进行新陈代谢的异养微生物,所以 COD 去除率依然很高。

### 3.3.2.3　第三阶段运行结果及分析

通过前两个阶段的培养驯化,短程反硝化聚磷菌已成为系统中的优势菌种,以亚硝酸盐作为电子受体反硝化除磷菌污泥驯化成功,第三阶段经过 30 个周期使系统运行效果达到稳定,图 3.27 是系统稳定运行后第 25 周期的运行情况,进水 COD、TP 浓度分别为 198.2 mg/L、12.2 mg/L,厌氧结束时系统中 TP 浓度上升到了 31.5 mg/L,平均释磷速率为 9.65 mg/(L·h),COD 浓度降低为 70.6 mg/L。缺氧吸磷阶段,向系统中投加 $NO_2^-$-N 浓度为 25 mg/L,经过 180 min 的缺氧反应,出水 COD 浓度为 23.7 mg/L,出水 TP 浓度为 1.2 mg/L,吸磷速率为 12.12 mg/(L·h),$NO_2^-$-N 的去除率随缺氧反应的进行逐渐升高,缺氧结束时去除率为 94.2%。试验结果表明,通过合理的驯化方式,以 $NO_2^-$-N 作为电子受体反硝化除磷是可以实现的。

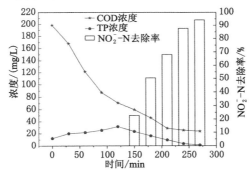

图 3.27　第 25 周期运行情况

# 3.4　SBR 反硝化除磷运行参数与影响因素分析

## 3.4.1　pH 值的影响

环境中的 pH 值与微生物的生长、繁殖关系密切,pH 值影响微生物细胞膜的通透性及其表面带电性,不同的微生物有不同的最佳 pH 值范围,在污水生物处理过程中,保持功能菌群的最适宜 pH 值十分重要。

### 3.4.1.1　pH 值对除磷效果的影响

pH 值是反硝化除磷工艺的重要控制参数,pH 值变化与细胞膜电荷变化相关,从而影响聚磷菌代谢过程中酶的活性[12],聚磷菌的厌氧释磷量一般随着 pH 值的升高而增加。聚磷菌与聚糖菌之间的竞争也受 pH 值影响,不当的 pH 值会导致系统菌群中聚糖菌占优势,导致生物除磷作用减弱甚至失效。

为了探讨不同 pH 值对反硝化聚磷菌运行性能的影响,考察了 pH 值为 6.5、7.5、8.0、8.5 条件下 SBR 反应器的除磷效果。取适量 SBR 反应器已经驯化好的反硝化除磷中吸磷反应结束后的污泥,清洗后置于 4 个静态反应瓶中,加入配制好的模拟生活污水,其中 TP 浓度为 10 mg/L,COD 浓度为 220 mg/L,MLSS 浓度为 2 800 mg/L,设置磁力搅拌器使泥水充分混合,在温度为 23 ℃条件下,厌氧段 120 min 通氮气保证厌氧释磷环境,缺氧段 150 min 连续滴加 $NO_2^- \text{-N}$ 浓度为 25 mg/L 亚硝酸盐溶液进行缺氧吸磷反应。

在不同 pH 值条件下的典型周期内 TP 浓度的变化情况如表 3.4 所示。在 120 min 的厌氧释磷阶段,pH 值为 6.5 时,释磷量为 27.52 mg/L,当 pH 值上升到 8.0 时,厌氧释磷量提高到了 42.69 mg/L,聚磷菌的释磷能力随着 pH 值的升高变强。这个现象可通过除磷生化代谢模型来解释,乙酸虽然以分子的形式通过主动运输扩散进入细胞膜,但在细胞内它已经被转变为离子和质子形式,该过程需要消耗细菌质子移动力(PMF),其主要作用是通过膜结合酶复合体合成 ATP 并运输基质到细胞内。在聚磷菌体内,为了重建或者修复 PMF,细胞需要分解体内储存的聚磷颗粒,并利用质子传输 ATP 的能力将分解的离子或分子输送到细胞外,从而发生了磷的释放,其宏观表现为液相中磷浓度的提高。pH 值的升高将减小 PMF,为了维持 PMF 恒定,聚磷菌需要分解更多的聚磷颗粒,故升高 pH 值能使更多的磷被释放出来。另外,Smolders 等[13]认为,在厌氧状态下聚磷菌吸收底物中的低分子有机物(HAc),并将其以 PHB 的形式储存在细胞体内,而将 HAc 输送到细胞体内所需要的能量(ATP)与 pH 值成正比关系,由于 ATP 主要由分解聚磷颗粒所产生,因此可推知升高 pH 值会增加吸收单位乙酸的释磷量。而当 pH 值升高到 8.5 后释磷量下降到 28.69 mg/L,是由于磷酸盐沉淀引起的液相中检测值变小。

表 3.4　不同 pH 值条件下典型周期内的 TP 浓度变化　单位:mg/L

| pH 值 | $t/\text{min}$ | | | | | | | | | |
|---|---|---|---|---|---|---|---|---|---|---|
| | 0 | 30 | 60 | 90 | 120 | 150 | 180 | 210 | 240 | 270 |
| 6.5 | 10 | 16.35 | 23.24 | 30.78 | 37.52 | 23.33 | 13.51 | 8.44 | 5.57 | 2.89 |
| 7.5 | 10 | 22.63 | 32.37 | 40.81 | 47.97 | 32.56 | 21.84 | 12.32 | 6.67 | 1.36 |
| 8.0 | 10 | 25.71 | 36.89 | 45.68 | 52.69 | 35.22 | 22.68 | 13.47 | 8.50 | 0.67 |
| 8.5 | 10 | 17.71 | 25.89 | 33.46 | 38.69 | 30.82 | 20.56 | 10.22 | 7.63 | 7.28 |

在 150 min 缺氧吸磷反应过程中,缺氧吸磷能力也随着 pH 值的变化而发生变化。pH 值为 6.5 时,吸磷量为 34.63 mg/L,吸磷能力较低,聚磷菌释磷受到 pH 值影响,合成的 PHB 很少,后续缺氧吸磷受到抑制。随着 pH 值的升高,缺氧吸磷量也随之增加。当溶液中 pH 值为 7.5 和 8.0 时,缺氧阶段吸磷量分别为 46.61 mg/L 和 52.02 mg/L,TP 去除率分别为 86.4% 和 93.3%。当 pH 值进一步提高到 8.5 时,缺氧吸磷量降低到 31.41 mg/L,这是由于 pH 值过高导致无效释磷,这部分释磷对吸收有机物没有贡献,因而对 PHB 的合成产生不利的影响,减少了 PHB 的合成,减少了后续的缺氧吸磷电子供体的量,对整个吸磷过程可能产生不利影响。

图 3.28 反映了不同 pH 值条件下最大厌氧释磷速率和最大缺氧吸磷速率变化情况。pH 值为 6.5~8.0 时,最大厌氧释磷速率和最大缺氧吸磷速率与 pH 值成正相关,最大厌氧释磷速率由 pH 值为 6.5 时的 9.62 mg/(g·h)增大到 pH 值为 8.0 时的 20.95 mg/(g·h)。pH 值大于 8.0 后易形成磷沉淀,释磷速率开始下降,pH 值为 8.5 时,最大厌氧释磷速率为 10.59 mg/(g·h)。当 pH 值为 6.5、7.5、8.0、8.5 时,最大缺氧吸磷速率分别为 18.92 mg/(g·h)、20.55 mg/(g·h)、23.29 mg/(g·h)和 13.73 mg/(g·h),pH 值对释磷速率的影响比吸磷速率明显。

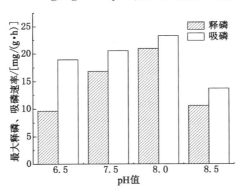

图 3.28　pH 值对释磷、吸磷速率的影响

### 3.4.1.2　pH 值对厌氧段 COD 吸收、PHB 合成、poly-P 分解的影响

图 3.29 所示为不同 pH 值条件下厌氧段 COD 吸收、PHB 合成及 poly-P 分解情况。由图可知,pH 值为 6.5~8.0 时,厌氧反应吸收的 COD、合成的 PHB 量和 COD 的吸收率与 pH 值成正相关,厌氧反应器内单位质量污泥吸收 COD 及合成 PHB 的值由 pH 值为 6.5 时的 67.13 mg/g 和 41.47 mg/g 升高到 pH 值为 8.0 时的 84.27 mg/g 和 62.87 mg/g,COD 吸收率也由 40.28% 上升到 50.56%。这是因为随着 pH 值的增大,细胞膜两侧的 pH 值梯度和电势差都随

之升高,微生物吸收外碳源并转化成 PHB 的量增加。当 pH 值提高到 8.5 时 COD 吸收率降为 37.92%,这与 Nittami 等[14]的研究结果相一致。分析认为 pH 值过高后易形成磷酸盐沉淀,聚磷菌分解 poly-P 所释放的能量变小,因此单位质量污泥吸收 COD 和合成 PHB 的量变小。此外,随着 pH 值进一步提高,细胞膜两侧 pH 值梯度和电势差均增大,分解 poly-P 释放的能量主要用于克服电势差将乙酸运输至胞内和 PHB 的合成[15]。

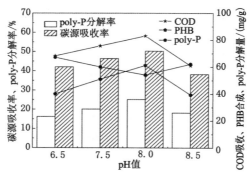

图 3.29 不同 pH 值条件下厌氧段碳源、PHB 和 poly-P 转化

厌氧段污泥内 poly-P 含量随着 pH 值的增加逐渐减少,poly-P 分解率逐渐提高。在高 pH 值条件下,系统需要分解更多的 poly-P 以提供 COD 吸收及 PHB 合成所需要的能量。厌氧反应结束后污泥中 poly-P 含量由 pH 值为 6.5 时的 66.32 mg/g,降到了 pH 值达到 8.0 时的 54.87 mg/g,poly-P 分解率提高了 9.01%。pH 值继续增大,形成磷酸盐沉淀,影响 poly-P 的分解。所以 pH 值为 8.5 时,poly-P 含量增加,分解率降低到 17.28%。

## 3.4.2 污泥龄(SRT)的影响

污泥龄 SRT 是系统中污泥量增殖一倍所需要的平均时间。污泥龄要根据反硝化聚磷菌生长所需的条件进行调节,使反硝化聚磷菌 DPAOs 处在各自最优的生长条件下。如果 SRT 维持较短则可能导致 MLSS 浓度变低,无法保证系统的正常运行,但是工艺除磷主要是通过排放剩余污泥完成的,过高的 SRT 会对工艺的除磷效果产生影响。因此,合理地控制 SRT 是污水除磷的关键。

### 3.4.2.1 无排泥情况下的除磷效果

系统中 SRT 的大小直接影响着污水处理效果,为了大致确定系统的 SRT,保证污水除磷效果且维持较高的污泥浓度,考察了 SBR 系统连续 36 d 无排泥情况下系统的脱氮除磷效果,进而确定最佳的 SRT。系统每天运行 2 个周期,试验过程中保持进水磷浓度为 9.8~10.4 mg/L,COD 浓度为 170~220 mg/L,

电子受体浓度为 22～24 mg/L,pH 值为 7.5～7.8,温度为 25 ℃左右。

　　图 3.30 显示了系统在连续 36 d 不排泥条件下 TP 的去除效果,可以看出系统仍具有处理效果,出水磷浓度始终低于进水磷浓度,但除磷效果不稳定,除磷率在 48%～86.75%波动。

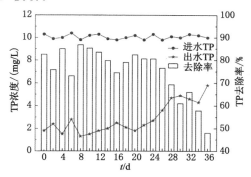

图 3.30　无排泥系统除磷效果

　　在系统运行到第 24 天之前,出水磷浓度保持在 3 mg/L 以下,平均去除率为 80.67%,可达到城镇污水排放标准二级标准。系统运行到第 26 天后,除磷效果逐渐变差,除磷率开始下降,到第 36 天时,出水磷浓度为 5.8 mg/L,磷去除率降至 48%,由此可推断,系统在不排泥的情况下仍有除磷效果,但连续运行超过 24 d 后,除磷效果开始下降。这与传统除磷理论认为污泥龄越短除磷效果越好的说法不一致,因为厌氧/缺氧条件下生长的反硝化聚磷菌 DPAOs 比传统聚磷菌 PAO 生长速率慢,所以其 SRT 比较长。在研究过程中石玉明、吉方英也得出了相同的结论[16-17]。

　　图 3.31 反映了系统无排泥连续运行 36 d 情况下亚硝态氮及 COD 的去除效果。从图中可以看出,COD 平均出水浓度为 25.86 mg/L,去除率在81.63%～92.71%变动,不排泥连续运行对 COD 去除并没有太大影响。碳源是微生物生长主要的营养元素,在反硝化除磷系统中,乙酸作为能源吸收到胞内以 PHB 形式进行储存以便用于缺氧吸磷,即使在 DPAOs 生长受到抑制的情况下,其他异养菌同样能吸收碳源作为能源维持自身的新陈代谢,维持 COD 的去除效果。

　　在 36 d 的不排泥反应过程中,$NO_2^- $-N 平均出水浓度为 3.89 mg/L,去除率为 75.83%～88.75%,$NO_2^- $-N 不仅作为反硝化除磷反应的电子受体被去除,此外,系统中还存在着传统反硝化菌同样能够发生反硝化反应,从而使 $NO_2^- $-N 得到进一步去除。

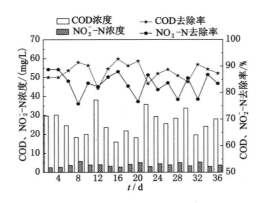

图 3.31　无排泥系统 COD、$NO_2^-$-N 去除效果

### 3.4.2.2　不同污泥龄对除磷的影响

在系统运行稳定的情况下,考察 SRT 分别为 10 d、16 d、24 d、32 d 对污水除磷效果的影响,每种条件下运行一个 SRT 周期,每天运行两个周期,反应过程中进水 COD 浓度为 180～240 mg/L,TP 浓度为 8.5～10.5 mg/L,缺氧段 $NO_2^-$-N 滴加浓度为 23～25 mg/L,试验过程中保持温度为 25～27 ℃,pH 值为 7.5～7.8,4 个 SRT 周期的排泥量分别为 1 L、0.5 L、0.5 L、0.5 L,在此期间测定脱氮除磷及 COD 去除效果,并且测定污泥性能指标。

由图 3.32 可以看出,系统在不同 SRT 条件下运行均有除磷效果,并没有出水磷浓度大于进水的情况发生。SRT 为 10 d 时,TP 平均出水浓度为 3.86 mg/L,TP 平均去除率为 60.69%,去除率较低,分析认为由于反硝化聚磷菌 DPAOs 生长速率较慢,世代周期比较长,当 SRT 小于其世代周期时,过早地将剩余污泥排放掉会使污泥中的 DPAOs 流失,DPAOs 在微生物种群中所占的比例减小,逐渐成为非优势菌种,除磷效果变差。此外,SRT 较小的情况下,进水有机物浓度固定,污泥有机负荷变大,厌氧结束后会有大量未被利用的外碳源 COD 进入缺氧段,传统反硝化菌及其他异养微生物吸收外碳源大量生长繁殖,从而抑制了 DPAOs 利用内碳源 PHB 进行反硝化吸磷。SRT 提高到 16 d 时,系统除磷效果有所提高,去除率较 SRT 为 10 d 时提高了 12.4 个百分点,TP 平均出水浓度为 2.5 mg/L。当 SRT 为 24 d 时,系统除磷效果最佳,TP 平均去除率为 89.66%,TP 出水浓度为 0.75～1.5 mg/L,这是因为随着 SRT 的延长,在厌氧段 DPAOs 充分吸收外碳源并以 PHB 的形式储存于体内,使在缺氧段没有外碳源存在,DPAOs 可利用 PHB 进行缺氧吸磷反应。可见,随着系统 SRT 变大,除磷率提高。SRT 继续提高到 32 d 的时候,系统出水除磷效果恶化,TP 平均去除率下降到 59.76％,TP 平均出水浓度下降到 3.87 mg/L,其原因是随着 SRT 的增大,污泥浓度变大,污泥有机负荷降低,在厌氧释磷过程中并没有足够的外碳源可供吸收,造成了"无效释磷"的发生,在缺氧段没有充足的内碳源 PHB 可供利用,缺氧吸磷受阻[18]。根据除磷效果认定,本系统最佳 SRT 取 24 d。选择合适的 SRT 对除磷至关重要,SRT 既不能过大导致系统内有机负荷变低,又不能过小致使有机负荷过高。

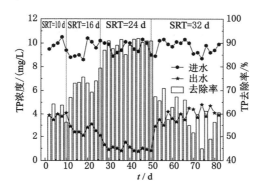

图 3.32　不同 SRT 对除磷效果的影响

### 3.4.2.3　不同污泥龄对碳源利用的影响

不同污泥龄 SRT 条件下系统在厌氧释磷、缺氧吸磷过程中碳源的利用情况如图 3.33 所示。SRT 为 10 d 时,厌氧段系统对外碳源利用率较低,厌氧末 COD 平均出水浓度为 83.7 mg/L,分析认为 SRT 过小时,DPAOs 会随着剩余污泥排出系统,使系统内聚磷菌含量变少,不足以提供足够的能源吸收碳源于胞内,出水 COD 浓度偏高。同时,SRT 很小时 MLSS 小,反应器中微生物存在于营养过剩的环境中,活性较低。当 SRT 增加到 16 d、24 d、32 d 时,微生物吸收外碳源量逐渐增加,厌氧出水平均 COD 浓度分别为 51.6 mg/L、47.4 mg/L、43.7 mg/L。SRT 被适当延长后,微生物处于营养缺乏的增殖后期活性较强,为了维持自身的生命活力、新陈代谢,需要吸收利用大量有机物,因此系统 COD 去除效果提高。不同 SRT 对厌氧出水 COD 影响较大,但对缺氧出水 COD 并无影响,平均出水浓度均低于 30 mg/L。

SRT 为 10 d、16 d、24 d 时,厌氧末胞内 PHB 含量比较相近,平均浓度分别为 100.05 mg/L、94.93 mg/L、96.06 mg/L;SRT 为 32 d 时,厌氧末端 PHB 浓度较低,为 56.45 mg/L。分析认为 SRT 较长时,污泥有机负荷偏低,胞内转化为 PHB 的量少。随着 SRT 的延长,缺氧末 PHB 含量呈先降低后上升的趋势。SRT 较短时,污泥有机负荷高,厌氧结束后残余的碳源进入缺氧段,异养菌优先

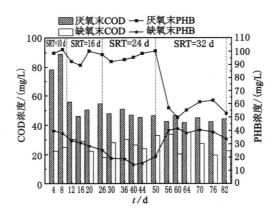

图 3.33　不同 SRT 对碳源利用的影响

吸收外碳源进行生化反应,反硝化聚磷菌吸收内碳源 PHB 进行缺氧吸磷受到抑制,因而缺氧末 PHB 含量高。SRT 较高时,SRT 大于聚磷菌世代时间,聚磷菌代谢活动旺盛,PHB 被大量降解,厌氧出水 PHB 含量低。SRT 延长到 32 d 时,系统中老化死亡的微生物残骸含量过高,聚磷菌活性降低,出水 PHB 浓度偏高。

### 3.4.2.4　不同污泥龄对污泥性质的影响

系统在上述 4 个不同的 SRT 条件下运行过程中,污泥浓度和胞内聚合物的含量变化情况如图 3.34、图 3.35 所示,污泥浓度 MLSS 和 MLVSS 与 SRT 成正相关,随 SRT 的增加逐渐上升。厌氧段 MLSS 在 SRT 为 10 d 时的 1 560 mg/L 增加到 32 d 时的 3 648 mg/L,MLVSS 由 1 280 mg/L 增加到了 2 000 mg/L;缺氧段 MLSS 由 SRT 为 10 d 时的 1 762 mg/L 增加到 32 d 时的 3 724 mg/L,MLVSS 由 1 342 mg/L 增加到 2 214 mg/L。SRT 较小时,SRT 的变化对 PHB 的合成量并无太大影响,理论上随着 SRT 的增大 PHB 含量应该提高,但是在 SRT 延长的同时污泥浓度 MLVSS 也增大,所以单位质量污泥的 PHB 合成量并无明显差别,厌氧段 SRT 为 10 d、16 d、24 d 时,PHB 含量分别为 55.7 mg/g、61.6 mg/g、63.8 mg/g;随着 SRT 的增大,厌氧末端系统内 poly-P 含量呈下降趋势,SRT 为 10 d、16 d、24 d、32 d 时,poly-P 含量分别为 44.7 mg/g、38.9 mg/g、33.1 mg/g、23.1 mg/g。缺氧吸磷过程中,PHB 作为碳源和能源被消耗进行吸磷反应,SRT 为 10 d 时,缺氧末系统中 PHB 含量较高,为 35.9 mg/g,poly-P 含量较低,为 58.3 mg/g,分析认为厌氧段残余的外碳源进入缺氧段,微生物优先吸收外碳源,因而 DPAOs 利用内碳源反硝化吸磷被抑制。SRT 为 24 d 时,观察到污泥沉降性能、镜检菌胶团状态稳定,泥水界面清晰,缺氧末 PHB 含量和 poly-P 合成量分别为 16.3 mg/g 和 89.4 mg/g,PHB 消耗量越多,说明反硝化吸磷反应进行得越完全,吸磷越彻底。SRT 为 32 d 时,缺氧末 DPAOs 胞内缺氧吸磷 PHB 消耗量小,poly-P 含量降低为 41.8 mg/g。

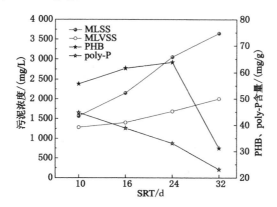

图 3.34　厌氧段污泥浓度与 PHB、poly-P 的含量变化

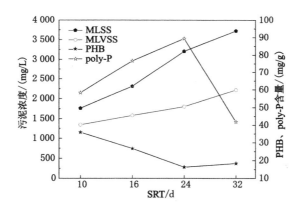

图 3.35　缺氧段污泥浓度与 PHB、poly-P 的含量变化

### 3.4.3　温度的影响

温度是生物除磷过程中的一个重要且复杂的影响因素。温度能够影响微生物状态,如 DPAOs 的活性;影响污泥种群构成,如污泥中 DPAOs 的含量;影响污泥中物理和化学反应过程,如化学沉淀等。此外,温度还能够影响酶的催化反应速率和基质向细胞扩散的速率[19]。因此,温度的升高或降低对污水生物处理影响显著。

#### 3.4.3.1 温度对运行效果的影响

本节考查 8 ℃、16 ℃、24 ℃、32 ℃ 等不同温度下系统的脱氮除磷效果,以便为反硝化除磷菌提供最佳生长环境。运行过程中维持 pH 值为 7.8,SRT 为 20 d,电子受体浓度为 24 mg/L。

表 3.5 是系统分别在上述 4 种不同温度下运行时,进出水中 COD、$NO_2^-$-N、TP 浓度的变化情况。

表 3.5　不同温度下 SBR 运行效果　　　　　单位:mg/L

| $t$/d | COD | | | | | $NO_2^-$-N | | | | | TP | | | | |
|---|---|---|---|---|---|---|---|---|---|---|---|---|---|---|---|
| | 进水 | 8 ℃ | 16 ℃ | 24 ℃ | 32 ℃ | 进水 | 8 ℃ | 16 ℃ | 24 ℃ | 32 ℃ | 进水 | 8 ℃ | 16 ℃ | 24 ℃ | 32 ℃ |
| 4 | 200.4 | 57.8 | 45.2 | 28.4 | 29.4 | 22.5 | 14.4 | 8.4 | 2.3 | 3.1 | 8.8 | 5.6 | 3.7 | 2.0 | 3.2 |
| 8 | 221.3 | 62.9 | 48.1 | 22.6 | 29.7 | 20.7 | 15.2 | 7.8 | 3.1 | 2.8 | 9.7 | 6.3 | 3.8 | 1.9 | 2.9 |
| 12 | 200.8 | 58.7 | 47.4 | 25.7 | 25.5 | 21.2 | 16.7 | 8.1 | 2.0 | 2.3 | 11.3 | 6.5 | 4.0 | 2.1 | 3.5 |
| 16 | 215.5 | 60.4 | 40.3 | 20.3 | 30.1 | 23.6 | 17.5 | 7.5 | 1.8 | 2.6 | 10.4 | 6.7 | 3.2 | 1.6 | 3.8 |
| 20 | 220.3 | 55.3 | 45.5 | 22.1 | 25.4 | 24.0 | 16.8 | 7.0 | 2.2 | 1.9 | 8.9 | 6.5 | 2.6 | 1.2 | 2.4 |
| 24 | 205.6 | 63.6 | 40.7 | 23.2 | 22.3 | 23.8 | 15.1 | 7.3 | 2.2 | 2.8 | 11.9 | 6.9 | 3.5 | 2.2 | 3.7 |
| 28 | 208.4 | 61.4 | 46.5 | 24.3 | 25.2 | 22.3 | 14.6 | 7.2 | 1.9 | 2.4 | 9.8 | 6.4 | 2.8 | 1.4 | 2.7 |
| 32 | 210.2 | 55.6 | 41.9 | 25.8 | 30.4 | 24.2 | 15.8 | 6.9 | 2.1 | 3.0 | 11.5 | 5.5 | 3.5 | 2.0 | 3.0 |
| 36 | 220.4 | 63.1 | 44.2 | 26.6 | 28.1 | 21.4 | 14.2 | 7.4 | 2.3 | 1.9 | 10.6 | 4.9 | 3.1 | 1.7 | 3.4 |

COD 进水浓度范围为 200.4～221.3 mg/L,随着温度的升高,COD 的平均出水浓度逐渐降低,温度为 8 ℃时的 COD 平均出水浓度为 59.87 mg/L,16 ℃时为 44.42 mg/L,24 ℃时降到了 24.33 mg/L,32 ℃时与 24 ℃时比较相近,为 27.3 mg/L,温度为 16 ℃、24 ℃、32 ℃时,出水 COD 平均浓度均在 50 mg/L 以下,达到了《城镇污水处理厂污染物排放标准》一级标准 A 标准。这是因为温度升高微生物活性增强,异养微生物吸收污水中的外碳源以维持自身新陈代谢需要,使出水 COD 维持在较低浓度。

反硝化除磷过程中,电子受体亚硝酸盐的去除情况如表 3.5 所示,进水 $NO_2^-$-N 浓度范围为 20.7～24.2 mg/L,温度为 8 ℃、16 ℃、24 ℃、32 ℃时,出水 $NO_2^-$-N 平均浓度分别为 15.59 mg/L、7.59 mg/L、2.33 mg/L、2.53 mg/L,可见基本上亚硝酸盐去除效果与温度呈正相关,这是因为温度升高聚磷菌吸磷能力增强,电子受体 $NO_2^-$-N 利用率提高,使出水 $NO_2^-$-N 浓度降低。

在 36 d 反硝化除磷过程中,进水 TP 的平均浓度为 10.32 mg/L,温度为 8 ℃、16 ℃、24 ℃、32 ℃时出水 TP 平均浓度分别为 6.14 mg/L、3.36 mg/L、

1.79 mg/L、3.18 mg/L。随着温度升高,微生物新陈代谢速度加快,释磷和吸磷能力提高,因而出水 TP 浓度降低,但是当温度过高时,会导致污泥浓度提高,单位质量污泥中微生物可利用的碳源相对减少,可利用的挥发性脂肪酸 VFA 量减小,致使反硝化聚磷菌除磷能力下降。此外,高温会引起磷酸盐与某些阳离子(如钙、镁、铁离子)结合形成难溶性复合物而产生沉淀,影响生物除磷。

因此,综合考虑,温度为 24 ℃时,系统运行效果最佳。

图 3.36 反映了系统在 8 ℃、16 ℃、24 ℃、32 ℃等温度下运行时,COD、$NO_2^- $-N 和 TP 的去除情况。在 4 种不同的温度下,COD 的去除率整体呈上升趋势,由反应第 20 天时的 74.9% 上升到 24 ℃时的 90.0%,但当温度升高到 32 ℃时,COD 去除率略有降低,为 88.5%。这是因为随温度升高微生物新陈代谢旺盛,部分微生物残骸未及时排出系统,导致出水 COD 浓度升高。在 4 种不同温度下,反应第 20 天时,$NO_2^-$-N 的去除率分别为 30.0%、70.8%、90.8% 和 92.1%,与温度呈正相关性。8 ℃时温度较低,反硝化聚磷菌生长速率下降,反硝化吸磷反应受到抑制。据文献记载,温度为 10 ℃到 30 ℃的范围内,聚磷菌具有活性,并且随着温度的降低释磷速率呈下降趋势。此外,有文献阐述聚磷菌的活性温度范围为 4～37 ℃,随着温度的升高释磷速率增大[20]。

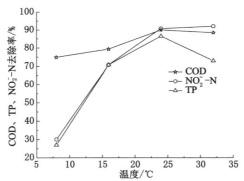

图 3.36　不同温度下 COD、$NO_2^-$-N 和 TP 去除率

### 3.4.3.2　温度对污泥特性的影响

系统在 8 ℃、16 ℃、24 ℃、32 ℃等温度下运行时,污泥浓度、PHB 和 poly-P 浓度变化情况如图 3.37 所示。随着温度的升高,污泥浓度 MLSS 逐渐上升,这是由于温度升高,聚磷菌的增殖速度加快,使污泥浓度变大。8 ℃、16 ℃、24 ℃、32 ℃条件下,厌氧末时,系统内污泥浓度 MLSS 由 8 ℃时的 2 840 mg/L 升高到 32 ℃时的 3 500 mg/L;缺氧末污泥浓度分别为 2 700 mg/L、3 000 mg/L、3 220 mg/L 和 3 200 mg/L。MLVSS 的变化规律与 MLSS 相类似。反硝化聚磷菌释磷能力也随

温度升高而增强,细胞体内储存的 PHB 量增多,8 ℃、16 ℃、24 ℃时厌氧末 PHB 浓度分别为 40.8 mg/L、32.2 mg/L、23.4 mg/L,缺氧末 poly-P 浓度分别为 128.7 mg/L、141.6 mg/L 和 152.3 mg/L,当温度继续升高到 32 ℃时,厌氧末 PHB 和缺氧末 poly-P 量下降到了 18.7 mg/L 和 148.2 mg/L。这是因为聚磷菌新陈代谢及其繁殖迅速,有机底物浓度有限,单位质量污泥可利用的外碳源量受到限制,转化内碳源 PHB 的量减少,缺氧吸磷量受到影响。

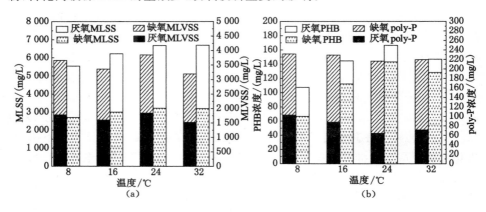

图 3.37 不同温度下污泥性质的变化情况

### 3.4.4 电子受体的影响

微生物在吸磷阶段所利用的电子受体有氧气、硝酸盐和亚硝酸盐。短程反硝化除磷是指 DPAOs 能够在缺氧阶段以亚硝酸盐为电子受体对在厌氧段吸收的有机物进行氧化分解,同时利用此过程产生的能量将污水中的磷过量吸收进入胞内。早期研究认为亚硝酸盐是除磷工艺中的抑制剂,当亚硝酸盐浓度高于 8 mg/L 时会对吸磷产生毒害作用[21],随着深入研究,认为改变污泥驯化方式能够提高系统抗亚硝酸盐的阈值。

本试验以驯化好的反硝化除磷污泥为基质,考察不同投加方式(集中投加和连续流滴加)及不同浓度电子受体对除磷效果的影响。集中投加电子受体试验,取反应器中厌氧释磷结束的泥水混合物 5 L,分别置于 5 个 1 L 的静态反应器中进行缺氧吸磷反应,缺氧反应初每个静态反应器分别集中投加 6 mg/L、12 mg/L、18 mg/L、26 mg/L、32 mg/L 5 种不同浓度电子受体,对其去除效果进行检测。连续流滴加电子受体试验选择在 SBR 反应器中进行,由低浓度向高浓度连续滴加,每种滴加浓度运行 20 d。

3.4.4.1 集中投加不同浓度亚硝酸盐的影响

保持 SBR 反应器内 MLSS 为 3 600 mg/L,进水 COD 浓度为 160.2 mg/L,

TP 浓度为 9.8 mg/L,pH 值为 7.8,温度为 24 ℃,SRT 为 24 d,厌氧反应 2 h 后,系统中 TP 浓度达到 30.6 mg/L,同时大部分 COD 也被反硝化聚磷菌吸收并且转化成 PHB 储存在胞内,厌氧末出水 COD 浓度为 10.6 mg/L。厌氧结束后,缺氧反应初分别集中投加 6 mg/L、12 mg/L、18 mg/L、26 mg/L、32 mg/L 5 种不同浓度的亚硝酸盐溶液,进行 2.5 h 的缺氧反应。由图 3.38 可以看出,集中投加浓度小于 18 mg/L 的亚硝酸盐对反硝化吸磷没有抑制作用,投加浓度越低,缺氧反应初始阶段吸磷速度越快,当亚硝酸盐投加浓度为 6 mg/L 时,缺氧反应进行 30 min 有 10.4 mg/L 磷酸盐被吸收,吸磷率达 33.99％,缺氧反应结束磷酸盐出水浓度为 5.3 mg/L,而亚硝酸盐投加浓度为 12 mg/L 时除磷效果最好,出水磷酸盐浓度为 4.1 mg/L,除磷率为 86.60％;当投加浓度增大到 18 mg/L 时,除磷效果与前两种投加浓度比较相近,在整个缺氧反应过程中没有出现"二次释磷"的现象;当投加浓度增加到 26 mg/L 时,除磷效果变差,出水磷酸盐浓度为 8.7 mg/L;投加浓度为 32 mg/L 时,缺氧吸磷受到抑制,亚硝酸盐抑制影响时间为 90 min,缺氧反应初始阶段甚至出现"溶磷"现象,出水磷酸盐浓度高达 14.8 mg/L。这是由于液相中亚硝酸盐浓度超过了反硝化聚磷菌所能接受的浓度范围,过多的 $NO_2^-$ 与 $H^+$ 结合生成 $HNO_2$,对微生物产生毒害作用,导致大量的反硝化聚磷菌死亡或溶菌作用出现磷的释放[22]。

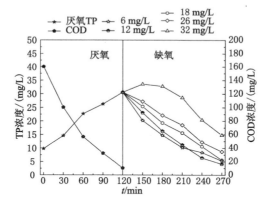

图 3.38　集中投加 $NO_2^-$-N 方式下 TP 浓度变化

　　由图 3.39 可见,亚硝酸盐在集中投加 4 种不同浓度时均有去除,缺氧反应开始 30 min 内亚硝酸盐去除量与亚硝酸盐集中投加浓度成反比。投加浓度为 6 mg/L、12 mg/L、18 mg/L、26 mg/L 时,缺氧初始 30 min 内 $NO_2^-$-N 去除率分别为 45.0％、15.8％、8.9％、6.2％;$NO_2^-$-N 投加浓度为 32 mg/L 时,缺氧初始 30 min 内亚硝酸盐基本没有去除,出现了一个抑制平台,但是随着反应的进行,亚硝酸盐浓度逐渐降低,到 2.5 h 反应结束时出水 $NO_2^-$-N 浓度为 2.2 mg/L。这说明抑制反硝化除磷的电子受体浓度对亚硝酸盐自身去除并没有太大影响,虽然集中投加较高浓度的亚硝酸盐会对反硝化聚磷菌有毒害作用,对吸磷反应的进行产生抑制作用,但是该浓度并未对普通反硝化菌产生影响,表明亚硝酸盐对普通反硝化菌的抑制浓度要高于对反硝化聚磷菌的抑制浓度。

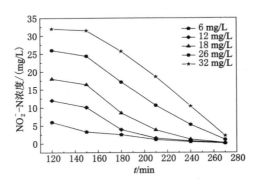

图 3.39　集中投加方式下 $NO_2^-$-N 浓度变化

　　因此,综合考虑缺氧反应结束磷酸盐和亚硝酸盐的去除情况,集中投加亚硝酸盐的最佳浓度为 12 mg/L。

### 3.4.4.2　连续滴加不同浓度亚硝酸盐的影响

　　通过采取缺氧段连续滴加亚硝酸盐的方式可降低单位时间反应器内 $NO_2^-$-N 浓度,避免高浓度 $HNO_2$ 对反硝化吸磷反应产生抑制作用。由图 3.40 可知,当亚硝酸盐浓度小于 26 mg/L 时,随着滴加浓度的增加除磷量也增大。在亚硝酸盐浓度为 6 mg/L 时,磷在缺氧环境中的吸收量为 25.1 mg/L,缺氧结束时体系中磷浓度为 5.5 mg/L,出水中 TP 浓度较高是由于亚硝酸盐浓度比较低,不足以满足反硝化除磷对电子受体的需要。当亚硝酸盐浓度升高到 12 mg/L、18 mg/L、26 mg/L 时,系统反硝化吸磷效果逐渐变得比较理想,出水 TP 浓度分别达到了 4.4 mg/L、2.5 mg/L、1.05 mg/L。当滴加浓度继续升高到 32 mg/L 时,缺氧反应过程前 90 min 内缺氧吸磷没有受到影响,反应后 60 min 亚硝酸盐的积累导致缺氧吸磷反应受到抑制。由试验数据可以得出,连续滴加亚硝酸盐方式最适浓度为 26 mg/L,与缺氧段集中投加亚硝酸盐方式相比,连续滴加亚硝酸盐方式下系统抗亚硝酸盐的抑制浓度更高,除磷效果也更好。

　　图 3.41 反映的是在 6 mg/L、12 mg/L、18 mg/L、26 mg/L、32 mg/L 5 种不同浓度电子受体下,系统运行 20 d 的 TP 的去除率。从图中可以看出,缺氧段连续滴加 5 种不同浓度亚硝酸盐,系统均有除磷效果:在亚硝酸盐浓度小于

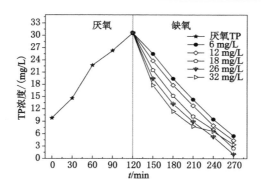

图 3.40　连续滴加不同浓度 $NO_2^-$-N 方式下 TP 浓度变化

26 mg/L 时,除磷率随着亚硝酸盐浓度的增加而变大;当亚硝酸盐浓度为 26 mg/L 时,系统 20 d TP 平均去除率为 86.8%;当亚硝酸盐浓度为 32 mg/L 时,TP 的平均去除率降为 67.5%。

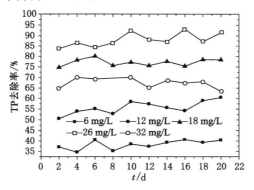

图 3.41　连续滴加不同浓度 $NO_2^-$-N 方式下 TP 的去除率

### 3.4.5　碳源的影响

碳源是影响短程反硝化过程能否稳定完成的重要因素之一。碳源为异养微生物进行新陈代谢等生命活动过程提供所必需的能源,也在短程反硝化除磷过程中为 DPAOs 提供电子供体[23]。因此,碳源被认为是决定反硝化除磷系统能力及效率的关键因素。本节以驯化完成的反硝化除磷污泥为基质,考察不同碳源浓度及碳源种类对系统运行效果的影响。

#### 3.4.5.1　碳源浓度的影响

使稳定运行的反应器完成一整个周期后不排水,并对系统采取 1 h 的曝气,目的是消除混合液中残留碳源以及微生物体内的 PHB。曝气结束后静沉污泥,取浓污泥 1 600 mL,均分至 4 个静态反应器内,混合液 MLSS 约为 3 300 mg/L,控制厌氧段 pH 值为 8.0,缺氧段 pH 值为 7.5,温度为 24 ℃,厌氧段初期加入 1 400 mL COD 质量浓度分别为 100 mg/L、200 mg/L、300 mg/L、400 mg/L、500 mg/L 的试验用水,缺氧段电子受体亚硝酸盐氮质量浓度为 25 mg/L,测定反应过程中 $NO_2^--N$、TP 浓度变化情况,考察 COD 浓度对短程反硝化除磷过程的影响。控制静态反应器内 COD 进水浓度分别为 100 mg/L、200 mg/L、300 mg/L、400 mg/L、500 mg/L 时,混合液 COD、$PO_4^{3-}-P$ 以及 $NO_2^--N$ 在不同阶段的浓度及去除率见表 3.6。从表 3.6 看出,进水 COD 浓度对短程反硝化除磷效果的影响较大。当进水 COD 浓度为 200 mg/L 时,DPAOs 在厌氧阶段的释磷量最大,系统的缺氧吸磷效果达到最佳,$NO_2^--N$ 的去除率也达到了 90% 以上;当进水 COD 浓度为 100 mg/L 时,系统的脱氮除磷效果最差,除磷率以及 $NO_2^--N$ 去除率分别为 38.10%、46.52%;当进水 COD 浓度为 300 mg/L 和 400 mg/L 时,系统厌氧释磷量以及除磷率下降,而 $NO_2^--N$ 的去除率不降反增,达到 99.64%。

表 3.6　不同浓度 COD 下进水水质及处理效果

| COD | | | $PO_4^{3-}-P$ | | | $NO_2^--N$ | | |
|---|---|---|---|---|---|---|---|---|
| 进水浓度 /(mg/L) | 厌氧 2 h 浓度/(mg/L) | 出水浓度 /(mg/L) | 厌氧释磷量 /(mg/L) | 出水浓度 /(mg/L) | 去除率/% | 缺氧进水浓度/(mg/L) | 出水浓度 /(mg/L) | 去除率/% |
| 100 | 12.37 | 10.48 | 6.85 | 4.24 | 38.10 | 25 | 13.37 | 46.52 |
| 200 | 18.62 | 9.88 | 17.54 | 0.67 | 96.18 | 25 | 2.16 | 91.36 |
| 300 | 50.31 | 10.03 | 14.54 | 2.49 | 82.87 | 25 | 0.93 | 96.28 |
| 400 | 131.09 | 10.85 | 12.05 | 2.87 | 76.18 | 25 | 0.09 | 99.64 |
| 500 | 193.88 | 9.91 | 11.81 | 3.26 | 72.40 | 25 | 0.51 | 97.96 |

　　分析原因,当进水 COD 浓度较低时,厌氧阶段 DPAOs 可利用的有机物较少,使 PHB 合成量不足,导致缺氧阶段没有足够的内碳源进行反硝化吸磷作用,而缺氧段剩余外碳源含量过低使系统内的反硝化菌不能发生反硝化过程,导致系统的除磷率以及 $NO_2^--N$ 去除率均较低;当 COD 的浓度过高时,厌氧段结束后系统内剩余碳源过多,进入缺氧阶段时,常规反硝化细菌能够优先利用剩余碳源作为能源物质,与 DPAOs 争夺系统中的 $NO_2^--N$ 进而发生反硝化反应,反硝化细菌成为系统内的优势菌种,导致以 $NO_2^--N$ 为电子受体的 DPAOs 的吸磷过程受到抑制,最终表现为 $NO_2^--N$ 去除率较高,而除磷率偏低。

　　因此,在以 $NO_2^--N$ 为电子受体的短程反硝化除磷过程中,若想获得理想的运行效果,进水 COD 的浓度应满足 DPAOs 在厌氧段合成 PHB 时的所需量,而又不会在缺氧段剩余过多的外碳源。本试验中,系统进水 COD 浓度应控制在 200 mg/L 左右。

### 3.4.5.2　碳源种类的影响

稳定运行的反应器缺氧结束后静沉,取浓污泥 1 200 mL,均分至 3 个静态反应器内,分别以葡萄糖、乙酸钠、丙酸钠为碳源。MLSS 为 3 300 mg/L,厌氧段 pH 值为 8.0,缺氧段 pH 值为 7.5,温度为 24 ℃,缺氧段电子受体亚硝酸盐氮质量浓度为 25 mg/L。厌氧段初期分别加入 1 400 mL COD 浓度为 200 mg/L 的葡萄糖、乙酸钠、丙酸钠为碳源的试验用水,测定反应过程中 TP 浓度变化情况,考察碳源种类对短程反硝化除磷过程的影响。

向以乙酸钠为外加碳源培养驯化的短程反硝化除磷系统中投加不同碳源。在不同碳源种类条件下,典型周期内厌氧段 COD 的消耗和释磷变化情况如表 3.7 所示,可以看出 3 个系统在厌氧条件下,随着 COD 的消耗降解表现出不同程度的释磷情况,其中,以乙酸钠为外加碳源的系统内 COD 降解和释磷效果最好,以丙酸钠为外加碳源的系统次之,以葡萄糖为外加碳源的系统最差。

表 3.7　不同碳源厌氧释磷及 COD 降解计量表

| 速率 | 碳源类型 | | |
|---|---|---|---|
| | 乙酸钠 | 丙酸钠 | 葡萄糖 |
| 平均释磷速率/[mg/(g·h)] | 3.38 | 2.50 | 0.93 |
| 平均 COD 降解速率/[mg/(g·h)] | 29.66 | 26.26 | 18.29 |
| 碳源利用效率/[mg/(g·h)] | 0.11 | 0.10 | 0.05 |

表 3.7 为不同碳源类型条件下厌氧释磷及 COD 降解计量表。有研究[23]发现:碳源利用效率与生物除磷系统内聚磷菌(PAOs)和聚糖菌(GAOs)的相对数量具有良好的相关性,碳源利用效率可以指示出系统内 PAOs 的活性。参考该研究结论并分析本试验结果,发现以乙酸钠为碳源的系统内碳源利用效率略高于以丙酸钠为碳源的系统,这说明以乙酸钠为碳源驯化培养的短程反硝化聚磷污泥转变碳源种类为丙酸钠时,并未对 DPAOs 产生极大影响。由此可知,尽管本试验中的 DPAOs 在驯化富集阶段以乙酸钠为碳源,但若在运行过程中骤然转变为丙酸钠,不会对 DPAOs 的厌氧释磷产生较大的负面影响。以葡萄糖为碳源的系统内碳源利用效率极差,仅为 0.05 mg/(g·h),表示该系统内 DPAOs 的活性较差,GAOs 活性较强,分析是因为以葡萄糖作为碳源,可以代替细胞内的糖原直接为微生物的新陈代谢提供能源物质,选择性地促进 GAOs 的生长,

减弱了 DPAOs 的竞争力,GAOs 成为系统内的优势菌种,除磷系统恶化。

图 3.42 所示为不同碳源种类情况下对缺氧吸磷的影响。图中可以看出乙酸钠为碳源时的缺氧吸磷效果高于丙酸钠,葡萄糖为碳源时的吸磷效果最差,3 个系统缺氧出水中 TP 浓度分别为 0.83 mg/L、2.15 mg/L、5.62 mg/L,这和厌氧阶段的实验结果分析基本吻合,说明在以乙酸钠为碳源进行培养驯化的除磷系统内,改变碳源为丙酸钠时对 DPAOs 活性略有影响,而以葡萄糖为碳源则导致 DPAOs 活性急剧下降,使系统除磷效果严重恶化。由试验结果可知,在本短程反硝化除磷系统中,碳源应由乙酸钠提供,同时控制 COD 质量浓度为 200 mg/L 左右时运行效果最佳。

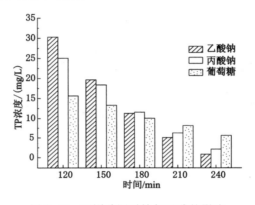

图 3.42　不同碳源对缺氧吸磷的影响

# 3.5　SBR 反硝化除磷效能研究

通过厌氧/缺氧运行方式,逐步增加缺氧段亚硝态氮浓度,成功实现了以亚硝态氮为电子受体的反硝化除磷系统启动和反硝化聚磷菌 DPAOs 驯化及系统影响因素研究。系统已经启动成功,反硝化除磷效果明显,本节将驯化成功的短程硝化反应器与反硝化除磷反应器组成两个 SBR 各自独立运行,将 N-SBR 反应器的上清液加入 $A^2$-SBR 反应器的缺氧运行阶段,为 $A^2$-SBR 缺氧反硝化除磷提供电子受体。系统运行稳定后测定 30 d 的 TP 浓度和去除率并检测典型周期内各指标浓度变化。

## 3.5.1　反应系统中 TP 的去除

图 3.43 为系统运行期间 TP 的去除效果。$A^2$N-SBR 系统进水 TP 浓度为 6.5～7.2 mg/L,平均进水浓度为 6.7 mg/L。N-SBR 为好氧短程硝化反应器,

对磷没有去除作用,因此,由其进入 A²-SBR 的出水中磷含量并没有减少;在 A²-SBR 系统中发生厌氧释磷和缺氧吸磷反应,系统出水 TP 浓度范围为0.82～1.54 mg/L,平均浓度为 1.10 mg/L,去除率为76.31%～89.58%,平均去除率为 83.55%。TP 去除效果受较多因素影响,N-SBR 出水中亚硝态氮及 COD 的浓度及 A²-SBR 系统中厌氧释磷量和 COD 去除效果均会影响 TP 的去除,因此系统中 TP 去除效果较为稳定。

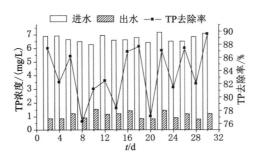

图 3.43　A²N-SBR 系统 TP 浓度变化

## 3.5.2　典型周期运行效果

图 3.44 反映了双污泥系统除磷脱氮及 COD 去除情况。在 A²-SBR 除磷子系统中厌氧反应 120 min,TP 浓度曲线呈现明显上升趋势,COD 浓度曲线与之相反,呈现急剧下降趋势。亚硝态氮浓度曲线骤然上升到最大值为 19.38 mg/L,这是由于在厌氧结束时加入的 N-SBR 子系统出水中含有较多的氮,因而系统内亚硝态氮和硝态氮浓度增大。在 A²-SBR 系统厌氧释磷过程中,COD 浓度曲线呈明显下降趋势,有 117.3 mg/L 的 COD 被去除,去除率为 83.5%,分析认为 COD 在厌氧段的去除主要原因是 DPAOs 厌氧释磷,将吸收有机物转化成 PHB 储存于体内;此外,污泥对易生物降解的有机物的吸附也是 COD 去除的贡献者。厌氧阶段结束时 TP 浓度为 18.13 mg/L,释磷量达 10.53 mg/L,呈现典型的 DPAOs 厌氧释磷行为。在 A²-SBR 除磷子系统的缺氧阶段,随着缺氧吸磷反应的进行,TP 的浓度逐渐下降,到反应结束出水 TP 浓度降低为 1.14 mg/L,去除率达 88.8%;亚硝态氮浓度在缺氧开始时为 19.3 mg/L,随着反硝化除磷反应的进行逐渐降低,至出水时为 0.53 mg/L,这是因为,缺氧反应开始时亚硝态氮刚加入 A²-SBR 系统中,还未参与缺氧吸磷反应,随着反应的进行亚硝态氮作为电子受体很快被利用;硝态氮浓度也随反应的进行逐渐降低,由初始的 1.61 mg/L 降为 0.78 mg/L,说明系统中以亚硝态氮为电子受体的反硝化聚磷菌为优势菌种,此外,还有极少量的以硝态氮为电子受体的反硝化聚磷菌存在。

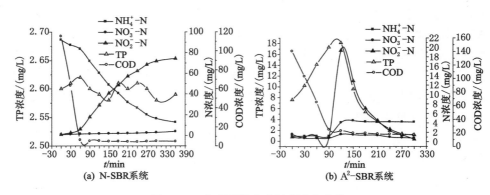

图 3.44　典型周期内碳氮磷浓度变化

# 3.6　反硝化聚磷菌微生物学研究

反硝化聚磷菌在高效节能的反硝化除磷脱氮工艺中扮演着极其重要的角色,在污水处理微生物研究中了解菌种微生物特性及稳定性是研究的重要内容。国内外的许多学者对反硝化聚磷菌属特性进行了研究,利用变性梯度凝胶电泳(DGGE)或荧光原位杂交技术(FISH)等分子技术手段研究聚磷菌种群结构的变化,其特点是克服纯培养技术限制,可以同时对不同类群的微生物进行原位定位、定量分析和空间位置标示,也可以通过培养方法得到纯菌株,利用生理生化特性和聚合酶链式反应(PCR)以及 DGGE 分子生物学研究菌种的生物学信息。本节在 A²-SBR 污泥驯化成功的基础上,研究了短程反硝化聚磷菌的生理生化特性和分子生物学内容,首先对反硝化除磷结束后的污泥进行菌种分离纯化,然后观察菌种形态特征,检测纯菌种的生理生化指标,对富集培养的纯菌进行反硝化吸磷试验,最后通过分子生物学手段进行扩增测序,进行同源性分析。

## 3.6.1　短程反硝化聚磷菌分离纯化

取 A²-SBR 系统运行一个周期结束后的泥样进行接种分离,用聚磷菌培养基和反硝化菌培养基进行分离培养,将分离出的菌种进行平板培养,最终分离出具有除磷效果的菌株 7 株和具有反硝化效果的菌株 6 株,将其分别命名为 PB、PC、PD1、PD2、PE、PF、PG 和 NC1-1、NC1-2、NC1-3、NF、NG1、NG2。

## 3.6.2　生理生化试验

观察上述菌落形态特征,如表 3.8 所示。对菌株进行生理生化试验,如革兰氏染色、接触酶、氧化酶、糖醇发酵、葡萄糖氧化发酵、甲基红、V-P 测定、硝酸盐还原、亚硝酸盐还原、明胶液化、柠檬酸盐利用、吲哚,其鉴定结果如表 3.9 所示。

**表 3.8　菌落形态特征**

| 项目 | PB | PC | PD1 | PD2 | PE | PF | PG | NC1-1 | NC1-2 | NC1-3 | NF | NG1 | NG2 |
|------|----|----|----|----|----|----|----|----|----|----|----|----|----|
| 颜色 | 浅黄 | 乳白 | 黄 | 乳白 | 浅粉 | 浅粉 | 浅粉 | 红 | 乳白 | 浅黄 | 白 | 浅黄 | 红 |
| 形状 | 圆 | 圆 | 圆 | 圆 | 圆 | 圆 | 圆 | 圆 | 圆 | 圆 | 圆 | 圆 | 圆 |
| 表面 | 光滑、不规则 | 光滑 | 粗糙、凸起 | 光滑、凸起 | 光滑 | 光滑、规整 | 光滑、湿润 | 光滑 | 光滑 | 粗糙、干燥 | 光滑、湿润 | 光滑、湿润 | 光滑 |
| 硬度 | 软 | 软 | 软 | 硬 | 软 | 软 | 软 | 软 | 软 | 硬 | 软 | 软 | 软 |
| 透明度 | 半透明 | 无 | 无 | 无 | 无 | 无 | 无 | 无 | 半透明 | 无 | 半透明 | 无 | 无 |

**表 3.9　生理生化试验结果**

| 项目 | PB | PC | PD1 | PD2 | PE | PF | PG | NC1-1 | NC1-2 | NC1-3 | NF | NG1 | NG2 |
|------|----|----|----|----|----|----|----|----|----|----|----|----|----|
| 革兰氏染色 | − | − | + | + | + | − | − | + | − | + | − | + | + |
| 接触酶试验 | + | + | + | + | + | + | + | + | + | + | + | + | + |
| 氧化酶试验 | + | + | − | − | + | + | − | − | − | − | + | − | − |
| 糖醇发酵 | + | + | + | + | + | + | + | + | + | + | + | + | + |
| 葡萄糖氧化发酵 | F | F | F | F | F | F | F | F | F | F | F | F | F |
| 甲基红试验 | − | − | − | − | − | − | − | − | − | − | − | + | + |
| V-P 测定 | − | − | − | − | − | − | − | − | − | − | − | − | − |
| 硝酸盐还原 | + | + | + | + | + | + | + | + | + | + | + | + | + |
| 亚硝酸盐还原 | + | + | + | + | + | + | + | + | + | + | + | + | + |
| 明胶液化 | − | + | + | − | − | − | + | + | − | − | − | − | − |
| 柠檬酸盐利用 | + | + | + | + | + | + | + | + | + | + | + | + | + |
| 吲哚试验 | + | + | + | + | + | + | + | + | + | + | + | + | + |

## 3.6.3　释磷吸磷试验

对上述选定的 13 株细菌进行富集培养,菌株先在密闭充氮气释磷培养基中厌氧培养 20 h(28 ℃摇床,100 r/min),使其充分释磷,厌氧培养后的菌液离心(15 min,4 000 r/min),弃上清液,用无菌水冲洗两次再离心,之后将菌种置于富磷培养基中在缺氧环境下培养 20 h,测定厌氧缺氧过程中磷及亚硝态氮的浓度变化,见图 3.45、图 3.46。厌氧释磷和缺氧吸磷反应主要发生在反应前 2 h,菌

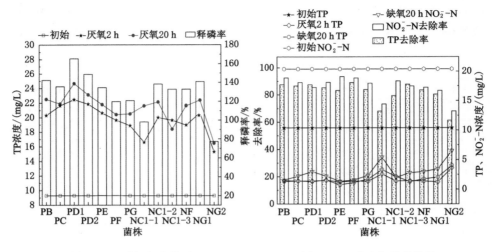

图 3.45　厌氧释磷情况　　　　　　图 3.46　反硝化吸磷情况

株 NC1-1 与 NG2 释磷和吸磷能力较差,其余菌种厌氧释磷率和反硝化吸磷率平均值分别为 137.43% 和 84.85%,菌株除磷能力由高到低依次为:PF>PB＝PD1>NC1-3>PC>PD2>PG>NF>PE>NG1>NC1-2>NC1-1>NG2,菌株去除亚硝态氮能力由高到低依次为:PE>PB>PF>NC1-2>PD2>PC>PG>NC1-3>PD1＝NF>NG1>NC1-1>NG2,反硝化阶段亚硝态氮去除情况略好于吸磷,但由于反硝化吸磷过程中 PHB 含量不足或是胞内聚磷含量达到饱和,聚磷合成终止,致使亚硝态氮发生剩余。图 3.47、图 3.48 分别反映了厌氧结束后 PHB 积累和缺氧结束后聚磷积累的情况。厌氧阶段结束后 PHB 发生积累,证明厌氧段发生了释磷反应,将乙酸转化为 PHB 提供能量。缺氧阶段发生了聚磷积累,证明发生了缺氧吸磷反应。

### 3.6.4　短程反硝化聚磷菌分子生物学鉴定

测序所获序列信息通过 Blast 软件与 GenBank 的核酸数据库中序列进行联配、比对,进行同源性分析。

#### 3.6.4.1　基因组 DNA 提取及 PCR 扩增

对富集培养的纯菌株进行基因组 DNA 提取,以 DNA 为模板,然后通过细菌通用引物 16S-27f(5AGAGTTTGATCCTGGCTCAG3)和 16S-1492R(5' GGTTACCTTGTTACGACTT 3')对菌株基因组 DNA 进行全序列 PCR 扩增,PCR 扩增后得电泳结果,13 株菌的目的条带处于 1 200～1 500 bp 之间,条带较为明亮且无杂带出现,说明 DNA 提取和 PCR 扩增较为成功。

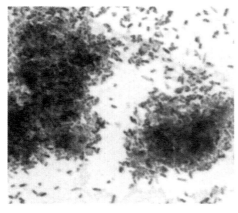

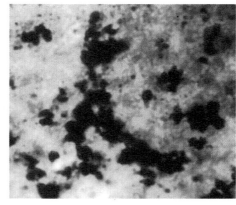

图 3.47　厌氧结束 PHB 染色　　　　图 3.48　缺氧结束聚磷染色

### 3.6.4.2　测序结果

　　生工生物工程(上海)股份有限公司将 PCR 扩增后产物进行 16S rDNA 测定,将有效序列在 NCBI 上进行对比,得出菌株 PB、PC、PD1、PD2、PE、PF、PG、NC1-1、NC1-2、NC1-3、NF、NG1、NG2 16S rDNA 基因可靠序列分别为 1 402 pb、1 371 bp、1 349 bp、1 360 bp、1 349 bp、1 420 bp、1 398 bp、1 378 bp、1 420 bp、1 422 bp、1 391 bp、1 401 bp、1 389 bp,得出具体的峰图和序列。将测得的序列使用 BankIt 工具提交到 http://www.ncbi.nlm.nih.gov,得到菌株的登录号,计算机自动开始搜索核苷酸数据库中序列进行比对,得到同源性较高且亲缘关系相近菌属,如表 3.10 所示。

表 3.10　菌株 16S rDNA 基因相似性分析

| 菌种 | GenBank 登录号 | 对比结果 | 相似度/% |
|---|---|---|---|
| PB<br>*Gordoniaalkanivorans*<br>烷源戈登氏菌 | KC905038 | *Gordoniaalkanivorans* AY995556 | 99 |
| | | *Gordoniaalkanivorans* AY864338 | 99 |
| | | *Gordonia* sp. DQ110881 | 99 |
| | | *Gordonia* sp. EU103621 | 99 |
| PC<br>*Sphingomonas* sp.<br>鞘氨醇单胞菌 | KC905039 | *Sphingomonas* sp. EF424407 | 99 |
| | | *Sphingomonas* sp. EU167960 | 100 |
| | | *Sphingomonas* sp. DQ118953 | 99 |
| | | *Sphingomonas* sp. AF327069 | 98 |

表 3.10(续)

| 菌种 | GenBank 登录号 | 对比结果 | 相似度/% |
|---|---|---|---|
| PD1<br>*Paracoccusmarcusii*<br>副球菌 | KC905040 | *Paracoccus* sp. AB008115<br>*Paracoccus* sp. DQ108402<br>*Paracoccus* sp. AB264129<br>*Paracoccus* sp. AB025191 | 91<br>93<br>92<br>90 |
| PD2<br>*Sphingomonas* sp.<br>鞘氨醇单胞菌 | KC905041 | *Sphingomonas* sp. EU167960<br>*Sphingomonas* sp EU167959<br>*Sphingomonas* sp. DQ118953<br>*Sphingopyxis* sp. EF424407 | 99<br>100<br>99<br>98 |
| PE<br>*Dietzia* sp.<br>迪茨菌属 | KC905042 | *Dietziadaqingensis* AY603001<br>*Dietzia* sp. DQ060380<br>*Dietzianatronolimnaea* DQ333285<br>*Dietzia* sp. AB266602 | 99<br>99<br>99<br>99 |
| PF<br>*Gordoniaalkanivorans*<br>烷源戈登氏菌 | KC905043 | *Gordonia* sp. DQ110881<br>*Gordoniaalkanivorans* EU373422<br>*Gordoniaalkanivorans* AF148947<br>*Gordoniawestfalica* AJ312907 | 98<br>98<br>99<br>98 |
| PG<br>*Brevundimonas* sp.<br>短波单胞菌属 | KC905044 | *Brevundimonas* sp. FJ197848<br>*Brevundimonas* sp. FJ605405 | 93<br>94 |
| NC1-1<br>*Gordoniaalkanivorans*<br>烷源戈登氏菌 | KC905045 | *Gordoniawestfalica*（T），AJ312907<br>*Gordoniaalkanivorans* AF148947<br>*Gordoniaalkanivorans* AY995556<br>*Gordonia* sp. DQ110881 | 97<br>98<br>98<br>98 |
| NC1-2<br>*Stenotrophomonas* sp.<br>嗜麦芽窄食单胞菌属 | KC905046 | *Stenotrophomonas* sp. AJ300772<br>*Stenotrophomonas* sp. DQ778299<br>*Stenotrophomonas* sp. EF059716<br>*Stenotrophomonas* sp. DQ482654 | 99<br>99<br>98<br>99 |
| NC1-3<br>*Stenotrophomonas* sp.<br>嗜麦芽窄食单胞菌属 | KC905047 | *Stenotrophomonas* sp. DQ537219<br>*Stenotrophomonas* sp. AJ300772<br>*Stenotrophomonas* sp. DQ778299<br>*Stenotrophomonas* sp. AF156709 | 100<br>100<br>99<br>99 |

表 3.10(续)

| 菌种 | GenBank 登录号 | 对比结果 | 相似度 /% |
|---|---|---|---|
| NF<br>*Pseudomonas stutzeri*<br>司徒茨假单胞菌 | KC905048 | *Pseudomonas stutzeri* AJ312172<br>*Pseudomonas stutzeri* AJ312160<br>*Pseudomonas stutzeri* U22427<br>*Pseudomonas stutzeri* U25280 | 97<br>97<br>97<br>97 |
| NG1<br>*Gordoniaalkanivorans*<br>烷源戈登氏菌 | KC905049 | *Gordoniaalkanivorans* AF148947<br>*Gordoniaalkanivorans* AB065369<br>*Gordonia* sp. DQ110881<br>*Gordoniawestfalica* AJ312907 | 99<br>99<br>99<br>99 |
| NG2<br>*Gordonia terrae*<br>登氏菌 | KC905050 | *Gordonia terrae* AY771329<br>*Gordonia terrae* AY771333<br>*Gordonia terrae* AY771330<br>*Gordonia terrae* DQ180334 | 100<br>100<br>100<br>99 |

# 参 考 文 献

[1] 李晓凯.城市生活污水 SBR 亚硝化启动及控制因子研究[D].新乡:河南师范大学,2012.

[2] 李松良,林华东,王鹏.生物脱氮的短程硝化反硝化及影响因素[J].能源环境保护,2007,21(4):16-19.

[3] 袁林江,彭党聪,王志盈.短程硝化-反硝化生物脱氮[J].中国给水排水,2000,16(2):29-31.

[4] 高大文,彭永臻,王淑莹.短程硝化生物脱氮工艺的稳定性[J].环境科学,2005,26(1):63-67.

[5] 尚会来,彭永臻,张静蓉,等.温度对短程硝化反硝化的影响[J].环境科学学报,2009,29(3):516-520.

[6] 魏琛,罗固源.FA 和 pH 值对低 C/N 污水生物亚硝化的影响[J].重庆大学学报(自然科学版),2006,29(3):124-127.

[7] 李正魁,赖鼎东,杨竹攸,等.固定化氨氧化细菌短程硝化稳定性研究[J].环境科学,2008,29(10):2835-2840.

[8] 徐鹏.SBR 短程硝化反硝化处理模拟氨氮废水实验研究[D].郑州:郑州大学,2011.

[9] HELMER C, KUNST S. Simultaneous nitrification/denitrification in an aerobic biofilm system[J]. Water science and technology, 1998, 37(4/5): 183-187.

[10] 翟缘, 张雁秋, 李燕. 厌氧/缺氧环境驯化短程反硝化聚磷菌[J]. 江苏农业科学, 2014, 42(9): 332-334.

[11] HU J Y, ONG S L, NG W J, et al. A new method for characterizing denitrifying phosphorus removal bacteria by using three different types of electron acceptors[J]. Water research, 2003, 37(14): 3463-3471.

[12] FILIPE C D M, DAIGGER G T, GRADY JR C P L. pH as a key factor in the competition between glycogen-accumulating organisms and phosphorus-accumulating organisms [J]. Water environment research, 2001, 73(2): 223-232.

[13] SMOLDERS G J F, VAN DER MEIJ J, VAN LOOSDRECHT M C M, et al. Model of the anaerobic metabolism of the biological phosphorus removal process: stoichiometry and pH influence[J]. Biotechnology and bioengineering, 1994, 43(6): 461-470.

[14] NITTAMI T, OI H, MATSUMOTO K, et al. Influence of temperature, pH and dissolved oxygen concentration on enhanced biological phosphorus removal under strictly aerobic conditions [ J ]. New biotechnology, 2011, 29(1): 2-8.

[15] 姜体胜, 杨琦, 尚海涛, 等. 温度和 pH 值对活性污泥法脱氮除磷的影响[J]. 环境工程学报, 2007, 1(9): 10-14.

[16] 石玉明. A²SBR 反硝化除磷工艺效能及微生物生理生态特征研究[D]. 哈尔滨: 哈尔滨工业大学, 2009.

[17] 吉芳英, 袁春华, 许晓毅. 低温条件下生物除磷系统的强化启动和运行[J]. 重庆环境科学, 2003(10): 3-6.

[18] 徐伟锋, 陈银广, 张芳, 等. 污泥龄对 A/A/O 工艺反硝化除磷的影响[J]. 环境科学, 2007, 28(8): 1693-1696.

[19] 李楠. SBR 系统在低温条件下的废水生物除磷性能及除磷途径分析[D]. 哈尔滨: 哈尔滨工业大学, 2010.

[20] PANSWAD T, DOUNGCHAI A, ANOTAI J. Temperature effect on microbial community of enhanced biological phosphorus removal system [J]. Water research, 2003, 37(2): 409-415.

[21] MEINHOLD J, ARNOLD E, ISAACS S. Effect of nitrite on anoxic

phosphate uptake in biological phosphorus removal activated sludge[J]. Water research,1999,33(8):1871-1883.

［22］黄荣新,李冬,张杰,等.电子受体亚硝酸氮在反硝化除磷过程中的作用[J].环境科学学报,2007,27(7):1141-1144.

［23］王伟.碳源及电子受体对反硝化除磷系统的影响研究[D].哈尔滨:哈尔滨工业大学,2007.

# 第 4 章 基于 FNA 胁迫的 SBR 反硝化除磷研究

## 4.1 FNA 的研究现状

氮、磷的排放过量是导致水体富营养化的主要诱因。在传统的生物脱氮除磷系统中，氮通过好氧硝化和缺氧反硝化两个阶段去除，磷的去除则是在交替厌氧/好氧的运行环境下利用聚磷微生物 PAOs 的厌氧释磷和好氧吸磷特性实现的[1]。生物脱氮技术是目前应用最广泛和研究最深入的脱氮技术之一，分为硝化过程和反硝化过程，其中硝化过程是生物脱氮过程的限速步骤。硝化过程由两步组成，第一步是氨氧菌（AOB）将氨氮氧化为亚硝态氮，第二步是亚硝态氮被氧化为硝态氮，此过程通过亚硝酸盐氧化菌（NOB）完成[2]。反硝化过程是指缺氧条件下异养菌以 $NO_3^-$ 代替氧作为电子受体转化为氮气的过程，其间伴有中间产物 $NO_2^-$ 出现。反硝化反应以有机碳源作为电子供体用于产能和细胞合成的同时，需要硝酸盐还原酶、亚硝酸盐还原酶、氧化氮还原酶及氧化亚氮还原酶的参与[3]。短程生物脱氮过程是将硝化反应控制在氨氧化阶段，再通过反硝化菌将亚硝酸盐还原成氮气，排出水体，从而实现氮的去除。与传统生物脱氮技术相比，短程生物脱氮技术可减少 30% 的曝气量和通过亚硝酸盐作为电子受体，可使工艺减少 50% 的有机电子供体，并缩短 4.3 倍的反应历程[3]。而短程反硝化聚磷菌 DPAOs 可以在厌氧/缺氧交替运行环境中，以亚硝酸盐氮为电子受体进行除磷，同时具有反硝化脱氮的功能。以亚硝酸盐氮为电子受体的短程反硝化聚磷菌与利用 $O_2$ 和硝酸盐氮为电子受体的聚磷菌相比具有运行周期短、吸磷速率快、节省耗氧量、缩短反应时间的优势。过量的亚硝酸盐会对微生物的细胞壁或细胞膜产生严重的损害并对微生物的新陈代谢等生命活动产生抑制作用，因此，在污水生物处理中，亚硝酸盐的存在一直被认为是影响系统处理效果的不利因素[4-6]。近年来，在污水生物处理过程中对于亚硝酸盐的抑制行为的研究发现,亚硝酸盐并非真正的抑制剂,对微生物的增殖和产能具有抑制作用的是亚硝酸盐的质子化产物——游离亚硝酸(free nitrous acid,FNA)[7-13]。

Zhou 等[14]在对聚磷菌的反硝化和缺氧吸磷能力的研究中也发现,FNA 才是真正的抑制剂,对缺氧吸磷产生抑制作用,当 FNA 质量浓度(以 $HNO_2$-N 计)达到 0.002 mg/L 时,聚磷菌的吸磷作用受到抑制;当 FNA 质量浓度(以 $HNO_2$-N 计)达到 0.02 mg/L 时,吸磷作用则完全被抑制。韩晓宇等[15]试验研究发现在反应器处于过曝气状态下,短程硝化的稳定维持需要 FA 与 FNA 联合抑制才能实现,当撤除系统内 FNA 的抑制作用时,短程硝化会被迅速破坏。刘牡等[16]也得到了相同的结论,他们发现当 FA 维持在较低浓度而 FNA 浓度大幅提高时,系统会利用 FA 和 FNA 的协同抑制作用迅速恢复并维持短程硝化,$NO_2^-$-N 积累率升高到 92%,可见 FA 与 FNA 是实现并维持城市生活垃圾渗滤液短程硝化的重要影响因素。马娟等[3]对 FNA 抑制硝酸盐还原反应的能力进行了研究,结果表明,硝酸盐还原与游离亚硝酸(FNA)有显著的相关关系,FNA 而非亚硝酸盐是硝酸盐还原的真正抑制剂;FNA 浓度为 0.01~0.025 mg/L 时硝酸盐还原能力受抑制程度为 60%,当 FNA 浓度大于 0.2 mg/L 时,硝酸盐还原反应被完全抑制。彭永臻等[17]在不同 $\rho(NO_2^-$-N)和 pH 梯度下进行反硝化批次试验,基于大量试验数据确立反硝化抑制动力学模型,并通过函数拟合确定不同 pH 值下以 $NO_2^-$ 为电子受体的反硝化抑制动力学模型常数,从动力学角度验证了 FNA 为真正的抑制剂。高春娣等[18]研究发现 FNA 对 AOB 有短时抑制作用,并能够抑制优势丝状菌 *Candidatus Microthrix*（微丝菌属）和 *Cytophagaceae*（噬纤维菌）的增殖。马娟等[1]对游离亚硝酸(FNA)对系统好氧吸磷性能的长期抑制作用及驯化后污泥吸磷方式的转化进行了研究,结果表明长期投加 FNA 有利于富集以 $NO_2^-$ 为电子受体的反硝化聚磷菌;而且,长期驯化有利于系统内污泥的沉降。委燕等[19]研究发现缺氧条件下 FNA(0.27 mg/L $HNO_2$-N·)可以对 AOB 和 NOB 产生抑菌效应,且对 NOB 的抑制大于对 AOB 的抑制。杨宏等[20]在对游离亚硝酸对高效硝化菌的抑制影响的研究中发现,AOB 和 NOB 的活性均受到 FNA 的影响,当 FNA 的质量浓度为 0.5 mg/L 和 0.6 mg/L 时,AOB 和 NOB 均保持较高活性;当 FNA 的质量浓度为 0.7 mg/L 时,不仅能使 NOB 活性逐渐降低到 0,而且能使 AOB 活性保持在 56% 以上;当 FNA 的质量浓度为 0.9 mg/L 时,AOB 活性受到严重的抑制。张宇坤等[21]在探究 FNA 对亚硝态氮氧化菌活性影响时发现,低浓度的 FNA(FNA<0.03 mg/L $HNO_2^-$-N)对 NOB 活性具有促进作用;当 FNA≥0.2 mg/L $HNO_2^-$-N 时,NOB 的活性被完全抑制。曾薇等[22]采用 $A^2O$ 连续流工艺处理实际生活污水,在实现短程硝化的基础上研究得到好氧区较高的 FNA 浓度(0.002~0.003 mg/L

$HNO_2^- -N$)对聚磷菌好氧吸磷的抑制是导致系统除磷效果恶化的直接原因,且通过外投碳源可以降低 FNA 对聚磷菌好氧吸磷的抑制程度,系统的除磷性能可迅速恢复,对磷的去除率可达 96% 以上。

本章基于稳定运行的反应器,研究不同浓度的 FNA 对系统运行效能的影响,对各工况下系统运行的典型周期进行分析,探讨 FNA 在系统运行过程中产生的抑制作用。

# 4.2 短程反硝化除磷工艺系统的启动

## 4.2.1 短程反硝化聚磷菌的驯化方式

将闷曝后的活性污泥等量投入 A、B 两个反应器中,A、B 两个反应器分别采用两阶段驯化法和三阶段驯化法运行。试验采用有效容积为 2 L 的广口瓶作为静态反应器,模拟厌氧/缺氧交替运行的 SBR 反应器,进行影响因素等静态批量试验。静态反应瓶连接氮气瓶,以满足系统的厌氧反应条件。反应瓶顶部设有亚硝酸盐溶液加药瓶,为反硝化除磷提供电子受体。反应瓶侧边设接样口,置于由时控开关控制的恒温磁力搅拌器上,使泥水在反应过程中能够混合充分,同时保证系统处于恒温状态。

运行期间,两个反应器进水水质相同,具体成分见表 4.1。系统泥水体积比为 1:3,MLSS 保持在 3 300～3 500 mg/L 左右,pH 值控制范围为 7.5～7.8,污泥沉降比(SV)为 30%,SRT 为 24 d。系统每天运行 3 个周期,每个周期运行 5～6 h。具体运行模式见表 4.2。

表 4.1　模拟生活污水成分

| 项目 | COD 浓度/(mg/L) | 氨氮浓度/(mg/L) | 总磷(TP)浓度/(mg/L) | 微量元素浓度/(mg/L) |
|---|---|---|---|---|
| 数值 | 170.00～220.00 | 5.00～10.00 | 9.00～12.00 | 1.00 |

表 4.2　两种驯化方法运行模式

| 方法 | 阶段 | 运行模式 |
|---|---|---|
| 两阶段驯化法 | 第Ⅰ阶段 | 瞬时进水—厌氧 2 h—好氧 2 h—沉淀 30 min—排水 30 min |
| | 第Ⅱ阶段 | 瞬时进水—厌氧 2 h—缺氧 2 h—沉淀 30 min—排水 30 min |
| 三阶段驯化法 | 第Ⅰ阶段 | 瞬时进水—厌氧 2 h—好氧 2 h—沉淀 30 min—排水 30 min |
| | 第Ⅱ阶段 | 瞬时进水—厌氧 2 h—沉淀 30 min—排水 30 min—二次进水—缺氧 2 h—沉淀 30 min—排水 30 min |
| | 第Ⅲ阶段 | 瞬时进水—厌氧 2 h—缺氧 2 h—沉淀 30 min—排水 30 min |

## 4.2.2　传统聚磷菌的驯化富集

两种驯化方法的第I阶段都是采用相同的厌氧/好氧交替的运行模式,其目的是为了富集传统好氧聚磷菌 PAOs。该阶段 TP 平均进水浓度为 10.00 mg/L,系统运行 14 d。A、B 两个反应器在第I阶段 TP 浓度变化情况见图 4.1 和图 4.2,COD 浓度变化情况见图 4.3。由图可知,有机碳源主要在厌氧反应阶段被去除,由于两反应器运行方式及条件相同,所以变化趋势类似。PAOs 利用污水中的外碳源营养物质,水解细胞内的聚磷(poly-P)产生能量,将污水中的外碳源转化成自身内碳源 PHB 储存,这一过程除去污水中的大部分有机物,并表现为厌氧释磷;在好氧阶段利用内碳源 PHB 以 $O_2$ 为电子受体超量吸磷,达到除磷目的。系统初期 TP 的去除效果不佳。1 d 时,两个反应器好氧出水 TP 浓度分别为 5.61 mg/L、6.50 mg/L。随着系统的运行,TP 的去除效果逐渐增强。图 4.1 中,A 反应器在 9 d 时厌氧释磷量下降,这是由于系统排水电磁阀出现故障,导致反应器内厌氧段进水从电磁阀流出,营养物质不足,影响厌氧释磷。接下来的 6 d 系统平稳运行,释磷量和磷的去除效果都稳定上升。14 d 时,两个系统在厌氧结束时 TP 浓度约为 30.00 mg/L,释磷量约为 20.00 mg/L,好氧出水中 TP 浓度小于 0.50 mg/L,达到《城镇污水处理厂污染物排放标准》(GB 18918—2002)一级标准 A 标准,说明 PAOs 已经成为两个系统中的优势菌种,即均实现了以 $O_2$ 为吸磷电子受体的传统聚磷菌的驯化,为下一步短程反硝化聚磷菌的驯化富集提供了十分有利的条件。

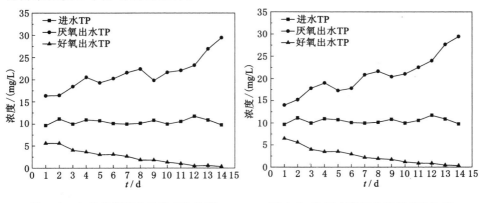

图 4.1　A 反应器第Ⅰ阶段 TP 浓度　　图 4.2　B 反应器第Ⅰ阶段 TP 浓度

经过第Ⅰ阶段的驯化,两个系统中已经富集大量传统聚磷菌,改变系统运行条件,停止好氧曝气,并投加亚硝酸盐氮作为缺氧吸磷电子受体,进行短程反硝化聚磷菌的驯化。高浓度亚硝酸盐溶液对微生物生长有一定的毒性,导致生物

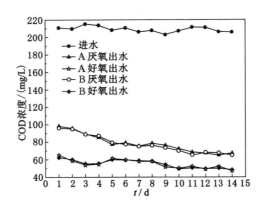

图 4.3　A、B 反应器第 I 阶段 COD 浓度

除磷系统恶化;若亚硝酸盐浓度过低,则反硝化除磷作用的电子受体不足,将无法达到除磷的最佳状态。所以本试验驯化过程采取连续滴加的方式,控制缺氧阶段亚硝酸盐氮的投加由初始浓度 10.00 mg/L 逐渐增加至 25.00 mg/L,给微生物一个缓冲适应过程。以下按照两阶段和三阶段驯化法对结果进行讨论。

### 4.2.3　两阶段驯化法驯化富集短程反硝化聚磷菌

A 反应器完成第 I 阶段运行后,直接进入厌氧/缺氧交替运行阶段,该阶段历时 30 d。厌氧阶段 DPAOs 利用分解 poly-P 所产生的能量吸收外碳源,并以 PHB 形式储存于体内,未被转化的外碳源进入缺氧反应阶段;缺氧时 DPAOs 利用内碳源 PHB 超量吸磷而不需要外碳源,所以缺氧阶段过多存在外碳源会使系统内的反硝化菌首先利用碳源进行反硝化反应,抑制 DPAOs 的生长繁殖等生命活动,不利于其成为系统优势菌种[24-25]。COD 在该阶段的浓度及去除率变化情况如图 4.4 所示。第 1 天时进水 COD 浓度为 215.37 mg/L,厌氧结束后,系统内 COD 浓度为 60.83 mg/L,缺氧运行结束后下降为 25.63 mg/L。厌氧进水中外碳源的供给量远大于吸收量,大量外碳源没有被利用,导致厌氧结束后 COD 出水浓度较高,缺氧阶段加入的亚硝酸盐氮通过反硝化菌利用剩余外碳源进行反硝化而被去除,才使 COD 浓度进一步降低。第 2 天开始降低厌氧进水中 COD 的投加浓度至 170.10 mg/L,此时厌氧结束后的 COD 浓度基本在 32.00 mg/L 左右,缺氧结束后 COD 浓度在 20.00 mg/L 左右,分析认为一部分外碳源作为营养物质满足微生物自身生长代谢需要,另一部分被系统中微量存在的常规异养反硝化菌所利用。

图 4.5 为 A 反应器在第 II 阶段系统内 TP 和亚硝酸盐氮的去除情况。第 II 阶段亚硝酸盐氮初始浓度为 10.00 mg/L,去除率第 1 天达 90%,第 2 天降至

33%,4 d 以后,去除率逐渐升高。主要原因为,第 1 天时,厌氧结束后有大量剩余外碳源,大部分的亚硝酸盐氮通过反硝化作用被去除;第 2 天时开始减少碳源投加量,使反应进入缺氧阶段时 COD 仅剩余 32.17 mg/L,此时亚硝酸盐氮只能被少量存在的 DPAOs 去除,因此去除率骤降;随着反应的进行,DPAOs 逐渐成为系统内的优势菌种,亚硝酸盐氮作为除磷电子受体,其去除率也逐渐升高。厌氧出水中亚硝酸盐氮浓度逐渐增加到 15.00 mg/L 以上,缺氧出水中亚硝酸盐氮的浓度降至 1.71 mg/L 以下,去除率最终达 92.00% 以上。厌氧释磷量在初始 4 d 有所下降,之后基本呈上升趋势。这是因为阶段初始时 DPAOs 是系统内的非优势菌种,所占数量比较少,而传统聚磷菌由于缺少 O$_2$ 电子受体而不能发挥良好的除磷作用。随着驯化的进行,系统中 DPAOs 数量逐渐增加,成为系统的优势种群,因此除磷率逐渐上升,从 28 d 开始稳定在 92.00% 左右。

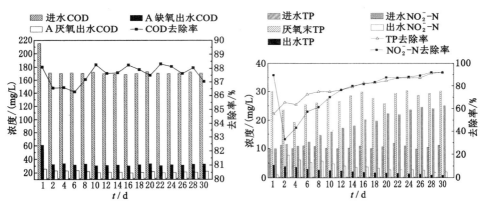

图 4.4　A 反应器第Ⅱ阶段 COD 去除效果　　　图 4.5　A 反应器第Ⅱ阶段 TP 及 NO$_2^-$-N 去除效果

经过 30 d 的驯化富集,COD、亚硝酸盐氮和 TP 的缺氧出水浓度分别为 19.86 mg/L、1.71 mg/L、0.87 mg/L,去除率分别为 88.32%、92.04%、92.11%,达到《城镇污水处理厂污染物排放标准》(GB 18918—2002)一级标准 B 标准。

### 4.2.4　三阶段驯化法驯化富集短程反硝化聚磷菌

三阶段驯化法,第Ⅱ阶段历时 18 d,第Ⅲ阶段历时 10 d,共 28 d。图 4.6 为第Ⅱ阶段和第Ⅲ阶段 B 反应器系统内 COD 质量浓度变化情况。第 1 天时,进水 COD 浓度为 215.37 mg/L,厌氧结束后系统内 COD 浓度仍为 60.84 mg/L,剩余外碳源过多,于是从第 2 天开始调节进水 COD 浓度约为 170.00 mg/L;第Ⅱ阶段二次进水中不添加外碳源,经检测缺氧结束时系统内 COD 浓度低于 12.00 mg/L。

　　图 4.7 为第Ⅱ阶段和第Ⅲ阶段 B 反应器系统内 TP 及亚硝酸盐氮去除情况。最初 TP、亚硝酸盐氮去除率分别为 50.34%、34.70%，原因为系统内能够以亚硝酸盐氮作为除磷电子受体的 DPAOs 数量还很少，除磷效果较差；外碳源不足使亚硝酸盐氮不能进行常规反硝化反应，只能被少量 DPAOs 去除，因此 TP 和亚硝酸盐氮去除率不高。由 TP 去除率也可获知，经第Ⅰ阶段厌氧/好氧驯化系统中存在以亚硝酸盐氮为电子受体的 DPAOs，可作为短程反硝化除磷工艺的种泥继续驯化。随着反应的进行，TP 和亚硝酸盐氮的去除率逐渐上升。从图中曲线趋势看出，亚硝酸盐氮的去除率和 TP 的去除率变化有一定的趋同性，说明系统内已经存在相当数量的 DPAOs。至 18 d，亚硝酸盐氮和 TP 的去除率都达到 94.00% 以上，说明经厌氧过程有效释磷后，DPAOs 体内累积大量 PHB 作为缺氧吸磷的电子供体，DPAOs 同时利用亚硝酸盐氮作为电子受体，成功达到去除系统内的磷酸盐和亚硝酸盐的目的。通过第Ⅱ阶段的驯化，系统内 DPAOs 已经成为优势种群。第Ⅲ阶段取消缺氧二次进水环节，并控制厌氧进水中 COD 与 TP 质量比为 17，系统稳定运行 10 d，使 TP 去除率、亚硝酸盐氮去除率和 COD 去除率分别达到 95.47%、94.73% 和 89.96%，浓度分别为 0.45 mg/L、1.31 mg/L 和 17.07 mg/L，达到《城镇污水处理厂污染物排放标准》（GB 18918—2002）一级标准 A 标准，并且系统稳定运行，说明 DPAOs 驯化成功。

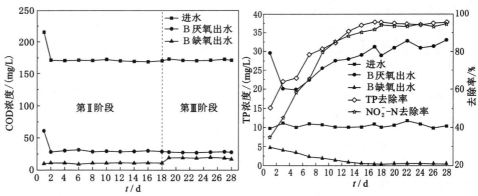

图 4.6　B 反应器 COD 去除效果　　　图 4.7　B 反应器 TP 及 $NO_2^-$-N 去除效果

## 4.2.5　短程反硝化除磷工艺系统的启动

　　以周期培养的方式进行短程反硝化聚磷菌的驯化，先培养传统聚磷菌使其成为系统内的优势菌种，再以连续滴加亚硝酸盐氮的方式驯化富集短程反硝化聚磷菌，短程反硝化聚磷菌可以成功驯化。两种驯化方式的结果表明，通过厌氧/缺氧交替运行的方式可以成功驯化短程反硝化聚磷菌，三阶段驯化法时间更短，效率更高，能达到更好的污水处理效果。分析原因在于，三阶段驯化法的第Ⅱ阶段将厌氧释磷后未被利用的外碳源排出，并加入不含外碳源的模拟生活污水，使得接下来的缺氧吸磷过程不受外碳源的干扰。可以认为缺氧阶段外碳源浓度对反硝化聚磷作用的影响很大，因为厌氧后期系统内还存在耗氧有机物，若厌氧结束外碳源剩余量过多，更利于常规反硝化菌在缺氧阶段发生反硝化作用，从而与 DPAOs 形成对电子受体的竞争，导致缺氧吸磷受到抑制，不利于 DPAOs 的生长繁殖。在低浓度 COD 的条件下，短程反硝化聚磷菌将利用自身内碳源进行缺氧吸磷过程，而缺氧过程中初始系统内 COD 的浓度是影响短程反硝化聚磷菌生长富集的重要因素。因此，可以认为低浓度 COD 的环境有利于诱导产生更多的 DPAOs。

　　经过两种方法的驯化结果分析，利用三阶段驯化法对短程反硝化除磷工艺进行启动。成功启动以亚硝酸盐氮作为电子受体的短程反硝化除磷系统后，其稳定运行过程中典型周期出水的 TP、COD 和 $NO_2^-$-N 的去除率分别为 95.53%、87.01%、93.68%，浓度分别为 0.47 mg/L、22.39 mg/L、1.58 mg/L，达到《城镇污水处理厂污染物排放标准》（GB 18918—2002）一级标准 A 标准。污泥驯化成功且稳定运行的系统内，缺氧过程中磷酸盐吸收量与亚硝酸盐氮消耗量之间存在比例关系，两者之间的相关性公式为 $y = 1.316x (R^2 = 0.978)$。

　　图 4.8 所示为典型周期运行情况。可以看出，厌氧过程（0～120 min）系统内 TP、PHB 浓度逐渐升高，COD、poly-P 浓度逐渐降低；120 min 时，TP、COD 浓度分别为 32.84 mg/L、25.93 mg/L，poly-P 分解量为 32.46 mg/g，PHB 合成量为 63.86 mg/g。这是因为在厌氧污泥中，随着 poly-P 的分解生成磷酸盐，同时产生能量，使 DPAOs 吸收污水中的外碳源并以 PHB 的形式储存在体内。缺氧阶段（120～240 min）短程反硝化聚磷菌以亚硝酸盐氮作为电子受体，利用体内的 PHB 作为碳源和能源，超量吸收污水中的磷酸盐转化为 poly-P 达到除磷的目的，因此，PHB、$NO_2^-$-N、TP、COD 浓度下降，poly-P 浓度升高。缺氧过程中 $NO_2^-$-N 的含量减少，TP 浓度逐渐降低，COD 浓度降低幅度较小，这说明 $NO_2^-$-N 的去除绝大部分是成为吸磷的电子受体而不是发生反硝化反应，DPAOs 缺氧吸磷过程不需要外碳源，所以 COD 浓度变化幅度极小，主要在厌氧阶段被去除。

## 4.2.6　亚硝酸盐氮消耗量与除磷量的关系

　　稳定运行的反应器内，待缺氧段结束且充分静沉后取 2 000 mL 污泥，等量分装至 5 个有效容积为 2 L 的静态反应器中，MLSS 均为 3 380 mg/L 左右。运行模式为：厌氧 120 min—缺氧 120 min—沉淀 30 min—排水 30 min。由上海雷

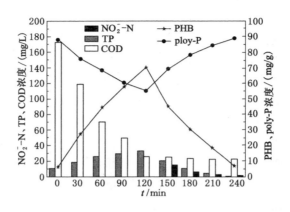

图 4.8　典型周期运行情况

磁加热恒温磁力搅拌器控制搅拌及恒温 24 ℃。厌氧段进水水质同表 2.1,厌氧段结束后清洗污泥,并在缺氧段初期重新向系统加入不含碳源的试验用水,使缺氧反应在 COD 极低的条件下进行,以保证亚硝酸盐氮基本不能发生反硝化作用。向 5 个静态反应器内分别投加亚硝酸盐氮浓度为 5 mg/L、10 mg/L、15 mg/L、20 mg/L、25 mg/L 的亚硝酸钠溶液。缺氧反应结束后测定出水中亚硝酸盐氮及 TP 浓度,对二者浓度的变化进行线性回归。

　　图 4.9 为不同亚硝酸盐氮浓度下,缺氧段吸磷量与亚硝酸盐氮消耗量之间的线性回归曲线。可以清晰看出,缺氧反应过程中,磷酸盐的吸收量与亚硝酸盐氮的消耗量之间存在比例关系。本试验根据所得数据结果进行分析,确定二者的比值为 1.316。刘茜湘[26]通过试验研究得出结论,缺氧除磷量与亚硝酸盐氮消耗量的比值为 2.122 2;韩猛[27]通过试验确定,缺氧吸磷量与亚硝酸盐氮消耗量之间的比值为 1.842 9。可见缺氧段的吸磷量与亚硝酸盐氮的消耗量具有一定的比例关系,但是各试验研究之间所得结论在数值上具有一定差异性。这是由于试验的环境条件不同,环境因素对系统运行的结果影响较大,因此,对于缺

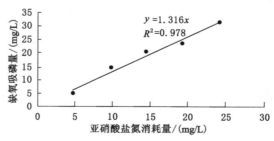

图 4.9　缺氧吸磷量与亚硝酸盐氮消耗量的关系

氧段的吸磷量与亚硝酸盐氮的消耗量之间的比值还有待研究确定,试验影响因素也需深入研究探讨。

## 4.3　不同 FNA 浓度对系统效能的影响

利用稳定运行的 SBR 反应器,系统每天运行 3 个周期,运行模式为:瞬时进水—厌氧 2 h—缺氧 2 h—沉淀 30 min—排水 30 min,进水水质见表 4.1。本试验系统分为 5 个工况,每个工况运行 30 d,共运行 150 d。试验过程中,通过投加亚硝酸钠溶液使各工况下系统内初始 $NO_2^- $-N 浓度分别为 8 mg/L、14 mg/L、20 mg/L、25 mg/L、30 mg/L。相应的 FNA 浓度由下式计算:

$$\rho(\mathrm{FNA}) = \frac{\rho(\mathrm{NO_2^-}\text{-}\mathrm{N})}{K_a \times 10^{\mathrm{pH}}}$$

式中　$\rho(\mathrm{FNA})$——游离亚硝酸浓度,mg/L;

$K_a$——$K_a = \exp[-2\,300\,/(273+T)]$,$T$ 为系统温度(℃);

$\rho(\mathrm{NO_2^-}\text{-}\mathrm{N})$——亚硝酸盐氮浓度,mg/L;

pH——系统内的 pH 值。

反应器 MLSS 维持在 3 400 mg/L 左右,控制厌氧段 pH 值为 8.0,缺氧段 pH 值为 7.5,温度为 24 ℃,污泥龄为 24 d。在不同 FNA 浓度下,展开对短程反硝化除磷系统内各物质浓度变化的试验研究。

图 4.10 为系统在各工况不同 FNA 浓度条件下 TP 的浓度及去除率变化情况,由图可以看出,各工况下都达到不同程度的厌氧释磷及缺氧吸磷效果。工况 1 中 FNA 浓度为 $0.58 \times 10^{-3}$ mg/L,系统运行后期缺氧除磷效果有小幅度提高,但出水 TP 浓度仍偏高,除磷效率较低,去除率稳定在 50% 左右。工况 2 提高 FNA 浓度至 $1.02 \times 10^{-3}$ mg/L,系统 TP 去除率骤降,改变浓度第 1 天系统 TP 去除率降至 23.67%,经过 8 d 的运行之后 DPAOs 对 FNA 的适应能力逐渐增强。系统正常运行 20 d,污泥除磷性能得到提升,TP 去除率平均达到 73.29%。工况 3 进一步提高 FNA 浓度至 $1.46 \times 10^{-3}$ mg/L,在该浓度下运行的初始阶段,系统除磷能力再次降低,第 1 天系统 TP 去除率降至 38.01%,但相比工况 2 有所好转,说明随着系统的运行,DPAOs 对 FNA 的适应性得到提高。该工况下系统运行 30 d 后,TP 平均去除率升高至 91.81%。工况 4 中,FNA 浓度继续增加至 $1.82 \times 10^{-3}$ mg/L,系统除磷性能迅速恶化,出水中 TP 浓度严重超标,在该 FNA 浓度下运行的前 6 d,系统缺氧出水中 TP 平均浓度高达 5.39 mg/L。随着系统继续运行,除磷能力略有提高,但平均去除率仅恢复至 65.16%,最高 66.80%。上述数据表明,FNA 浓度为 $1.82 \times 10^{-3}$ mg/L 时已经开始对除磷系

统产生抑制作用,该浓度明显低于 Zhou 等[14]在对聚磷菌的反硝化和缺氧吸磷能力的研究中的发现:FNA 才是系统中真正的抑制剂,对缺氧吸磷产生抑制作用,当 FNA 浓度(以 $HNO_2^- $-N 计)达到 0.002 mg/L 时,聚磷菌的吸磷作用受到抑制,当 FNA 浓度(以 $HNO_2^-$ -N 计)达到 0.02 mg/L 时,吸磷作用则完全被抑制。工况 5 中 FNA 浓度为 $2.19 \times 10^{-3}$ mg/L,在 FNA 浓度提高的前 14 d,系统几乎无除磷能力,出水中 TP 浓度与进水中无显著变化,从第 15 天开始,系统中污泥除磷性能略有恢复,继续运行 15 d,TP 去除率仅恢复至 38.48%,说明 FNA 对 DPAOs 除磷能力的不利影响通过系统长时间运行可略有恢复,但不会完全恢复,由此推测,FNA 对系统除磷性能的抑制具有一定的可逆性。

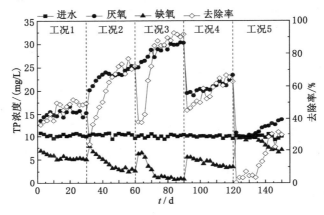

工况 1:$\rho$(FNA)$=0.58 \times 10^{-3}$mg/L;工况 2:$\rho$(FNA)$=1.02 \times 10^{-3}$mg/L;

工况 3:$\rho$(FNA)$=1.46 \times 10^{-3}$mg/L;工况 4:$\rho$(FNA)$=1.82 \times 10^{-3}$mg/L;

工况 5:$\rho$(FNA)$=2.19 \times 10^{-3}$mg/L。下同。

图 4.10　不同 FNA 条件下 TP 去除效果

　　图 4.11 为不同 FNA 浓度条件下,系统缺氧进、出水中 $NO_2^-$ -N 浓度的变化情况,由图可以看出,工况 1、2 时,FNA 浓度分别为 $0.58 \times 10^{-3}$ mg/L、$1.02 \times 10^{-3}$ mg/L,系统对 $NO_2^-$ -N 的去除较为彻底,出水中 $NO_2^-$ -N 含量极低,均小于 0.10 mg/L。工况 3 中缺氧段 FNA 浓度为 $1.46 \times 10^{-3}$ mg/L 时,出水中 $NO_2^-$ -N 浓度略有增加,小于 0.6 mg/L,此工况下系统的反硝化和除磷功能达到良好的同步。工况 4、5 中缺氧段 FNA 浓度继续增加,系统 $NO_2^-$ -N 的去除量也随之增大,但是由于缺氧进水中 $NO_2^-$ -N 的浓度提高,缺氧出水中 $NO_2^-$ -N 的浓度也呈上升趋势。分析原因,可能是由于 FNA 浓度过大使系统内 DPAOs 缺氧吸磷受到抑制,对电子受体 $NO_2^-$ -N 的利用率下降,同时碳源含量固定,使系统内反硝化不能完全实现,所以 $NO_2^-$ -N 有所积累。

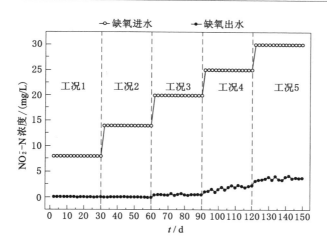

图 4.11　不同 FNA 条件下 NO$_2^-$-N 去除效果

# 4.4　不同 FNA 浓度下典型周期运行效果

本节将对短程反硝化除磷系统在不同浓度 FNA 工况条件下运行的典型反应周期特征进行研究,探讨不同浓度 FNA 对系统运行效果的影响,为后续研究中其抑制机理的解析提供数据支持。本试验给出的典型周期的数据均为各工况下系统稳定运行后取样测定且重现性很好的单次数据。

## 4.4.1　不同 FNA 浓度下典型反应周期的除磷效果

各工况条件下系统稳定运行时的除磷效果因 FNA 的浓度不同而差异较大。图 4.12 表示各系统在不同工况下运行的典型周期内 TP 浓度变化情况,短程反硝化除磷过程中的厌氧释磷段和缺氧吸磷段都受到 FNA 浓度变化的影响。工况 1 中,FNA 浓度为 $0.58 \times 10^{-3}$ mg/L,反应进行到 210 min 时,混合液内 TP 浓度出现不降反增的现象,究其原因,应为反应进行到 210 min 时电子受体几乎被完全消耗,反硝化除磷过程停止,储存在 DPAOs 体内的磷又重新释放到系统内,即发生了“二次释磷”现象。工况 3 中,向系统内投加 NO$_2^-$-N 浓度为 20 mg/L,FNA 浓度为 $1.46 \times 10^{-3}$ mg/L,系统的释磷量和吸磷量都达到最佳状态,出水中 TP 浓度为 1.09 mg/L,说明在此条件下,FNA 未达到抑制浓度,不会对反硝化除磷过程产生抑制作用。对比工况 1、2、3,FNA 浓度由 $0.58 \times 10^{-3}$ mg/L 增至 $1.46 \times 10^{-3}$ mg/L,厌氧释磷量从 6.31 mg/L 增加到 20.07 mg/L,缺氧除磷量从 9.08 mg/L 增加到 29.15 mg/L,说明 FNA 浓度低于 $1.46 \times 10^{-3}$ mg/L

时,系统厌氧释磷量和缺氧吸磷量都与FNA浓度呈正相关关系,因为当$NO_2^-$-N投加浓度过低时,除磷电子受体不足,缺氧吸磷反应不充分,进而会影响到下一个周期的厌氧释磷。工况4中,$NO_2^-$-N投加浓度增加至25 mg/L,FNA浓度为$1.82×10^{-3}$ mg/L,系统的释磷量和吸磷量降至9.34 mg/L和14.14 mg/L,反应结束系统出水TP浓度升高至5.41 mg/L,去除率仅为47.01%。工况5时,$NO_2^-$-N浓度增至30 mg/L,FNA浓度为$2.19×10^{-3}$ mg/L,此条件下系统几乎不发生释磷和吸磷反应,出水中TP浓度高至9.05 mg/L,与厌氧段进水中TP浓度10.21 mg/L无显著差异。

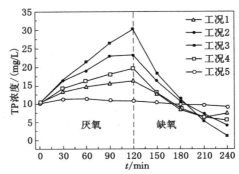

图4.12 不同FNA条件下典型周期TP浓度变化

分析认为,短程反硝化除磷的效果受FNA浓度影响较大。FNA浓度小于$1.46×10^{-3}$ mg/L时,系统缺氧反硝化吸磷反应结束的出水中几乎无$NO_2^-$-N积累,且除磷能力随着FNA浓度增加而提高;但若FNA浓度大于$1.82×10^{-3}$ mg/L时,除磷系统开始恶化,系统内逐步出现$NO_2^-$-N的积累,同时抑制DPAOs缺氧吸磷;当FNA浓度增加至$2.19×10^{-3}$ mg/L时,系统几乎不发挥除磷作用,系统出水中TP浓度与厌氧初始进水的浓度无显著差异,此时FNA对除磷系统严重抑制。提高FNA浓度的初期系统除磷能力下降,随系统运行略有恢复,说明FNA对系统除磷性能的抑制具有一定程度的可逆性。

## 4.4.2 不同FNA浓度下典型反应周期的反硝化效果

在反硝化脱氮除磷过程中,除磷效果与脱氮效果具有一定的相关性。缺氧段DPAOs分解体内的内碳源PHB产生能量,以$NO_2^-$-N为电子受体过量吸磷,来合成体内的糖原和聚磷。因此,在不同FNA浓度情况下,研究运行周期内$NO_2^-$-N的浓度变化情况,有利于弄清亚硝酸盐在反硝化除磷过程中的影响和作用。图4.13为各系统稳定运行后,不同浓度FNA条件下,缺氧段$NO_2^-$-N的浓度变化情况。由图可以看出,在不同工况下各反应器稳定运行时,系统内

$NO_2^- $-N 的去除效果受到 FNA 浓度的影响。工况 1 中,缺氧段 FNA 浓度为 $0.58\times10^{-3}$ mg/L时,反应时间至 210 min 时,系统几乎检测不到 $NO_2^-$-N 的存在,浓度仅为 0.06 mg/L,即系统对 $NO_2^-$-N 的去除率接近 100%。结合图 4.12 中相对应的除磷效果,出水中 TP 浓度为 7.23 mg/L,可推知此工况缺氧段投加 $NO_2^-$-N 浓度过低,电子受体不足,因此反硝化除磷效果不佳。工况 2 中 FNA 浓度为 $1.02\times10^{-3}$ mg/L,系统的 $NO_2^-$-N 去除量为 14.02 mg/L,可见仍可去除大部分 $NO_2^-$-N,系统出水中 $NO_2^-$-N、TP 浓度分别为 0.08 mg/L、4.07 mg/L,系统除磷效果随着 $NO_2^-$-N 浓度的增加而提高,系统内 $NO_2^-$-N 以电子受体方式被 DPAOs 有效利用。工况 3 中系统的 $NO_2^-$-N 去除量增加至 18.75 mg/L,出水中 $NO_2^-$-N 浓度为 1.22 mg/L,去除率达到 93.89%,另外注意到,此时相对应的吸磷量达到最大,出水中 TP 浓度最低,为 1.09 mg/L,说明此时反硝化作用和除磷作用同步提升。工况 4 的 FNA 浓度继续提升至 $1.82\times10^{-3}$ mg/L时,系统 $NO_2^-$-N 的去除量继续增加,达到 23.03 mg/L,但由于投加浓度较高,出水中 $NO_2^-$-N 浓度略有增高,为 2.05 mg/L,但此时系统的缺氧除磷量开始下降。工况 5 时 FNA 浓度为 $2.19\times10^{-3}$ mg/L,系统 $NO_2^-$-N 的去除量达到最大,为 26.68 mg/L,但除磷效果极差,TP 的出水与进水浓度已无明显差异。出现这种现象的原因是,DPAOs 的活性被高浓度的 FNA 抑制,其他反硝化微生物成为系统优势菌种。

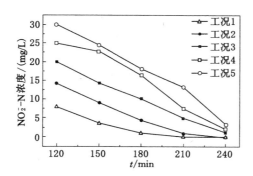

图 4.13　不同 FNA 条件下典型周期 $NO_2^-$-N 浓度变化

试验结果表明,缺氧段 FNA 的浓度同时影响 $NO_2^-$-N 和 TP 的去除效果。FNA 浓度为 $1.46\times10^{-3}$ mg/L时,系统反硝化和除磷效果同时达到较好状态。随着 FNA 浓度增加至 $2.19\times10^{-3}$ mg/L,系统除磷完全被抑制,但反硝化作用正常进行,说明反硝化菌对 FNA 的耐受性高于 DPAOs。根据试验数据分析,系统在缺氧段的 $NO_2^-$-N 消耗量与吸磷量不完全符合 4.2.6 小节所提出的理论比例,分析原因可能是,当缺氧段 $NO_2^-$-N 浓度过高时,一些常规反硝化菌与 DPAOs 竞争电子受体。

### 4.4.3 不同 FNA 浓度下典型反应周期的 COD 去除效果及 PHB 变化情况

COD 是短程反硝化除磷过程中的一项重要水质监测指标,它反映系统碳源的消耗情况。PHB 作为胞内聚合物,缺氧段的反硝化吸磷和糖原合成的能量驱动都来自 PHB 的分解,同时其浓度变化也反映 DPAOs 对外碳源的转化利用情况。DPAOs 在厌氧段吸收污水中的短链脂肪酸合成细胞内碳源 PHB,缺氧时分解 PHB 以 $NO_2^-$-N 为电子受体进行反硝化除磷反应。反硝化和除磷两个过程之间存在对电子受体 $NO_2^-$-N 的竞争问题,$NO_2^-$-N 的消耗与碳源浓度有关,所以监测 COD、PHB 的浓度变化情况对了解反硝化除磷过程有着积极的意义。

由图 4.14 可以看出,在不同 FNA 浓度条件下,各系统在典型反应周期内 COD 的浓度变化趋势相似,但单位时间去除速率和去除量不同。厌氧段有机物被 DPAOs 吸收转化,所以 COD 大部分在厌氧段被去除,剩余小部分进入缺氧段继续被降解吸收。对比工况 1、2、3,系统 FNA 浓度由 $0.58 \times 10^{-3}$ mg/L 提升至 $1.46 \times 10^{-3}$ mg/L 时,系统厌氧段结束时 COD 去除量由 109.76 mg/L 增加至 150.09 mg/L,去除率由 64.45% 增加至 88.20%。工况 3 时,FNA 浓度为 $1.46 \times 10^{-3}$ mg/L,厌氧段结束出水中 COD 浓度为 20.08 mg/L,此时厌氧段对 COD 的去除较为彻底,缺氧段没有过多的剩余碳源被其他异养菌利用。由图 4.12 可知,此时系统的除磷效率最佳。对比工况 4、5,FNA 浓度分别为 $1.82 \times 10^{-3}$ mg/L、$2.19 \times 10^{-3}$ mg/L,厌氧段 COD 去除量逐渐降低,厌氧出水中 COD 浓度分别为 26.11 mg/L、50.57 mg/L,可见 FNA 浓度为 $2.19 \times 10^{-3}$ mg/L 时,碳源相对过剩,结合图 4.12 不难发现,TP 浓度无显著变化,说明此条件下 DPAOs 几乎丧失活性,而剩余的外碳源进入缺氧段,依然可以被其他异养微生物如常规反硝化细菌吸收利用,所以缺氧出水的 COD 浓度较厌氧段有所降低。

图 4.15 为不同工况条件下系统内 PHB 含量的变化情况,明显看出 FNA 浓度对 PHB 的合成与消耗影响较大,典型周期反应结束后,PHB 含量基本恢复至初始水平。当系统缺氧段 FNA 浓度由 $0.58 \times 10^{-3}$ mg/L 增加至 $1.46 \times 10^{-3}$ mg/L 时,厌氧段 PHB 的合成量由 34.51 mg/g 上升至 61.90 mg/g,缺氧段的消耗量也由 33.04 mg/g 增加至 60.83 mg/g。结合系统的除磷及反硝化效果可以看出,工况 3 中,FNA 浓度为 $1.46 \times 10^{-3}$ mg/L 条件下,DPAOs 为系统内的优势菌种,厌氧段进水中的外碳源大部分被 DPAOs 转化为 PHB 储存在细胞内,并在缺氧阶段

分解 PHB 利用 $NO_2^- -N$ 作为电子受体高效完成反硝化除磷过程。工况 4 提高 FNA 浓度为 $1.82×10^{-3}$ mg/L,系统 PHB 的合成量和消耗量都有所下降,但 COD 的去除并未受到较大影响,结合 TP 去除率下降情况分析原因,可能是由于 FNA 浓度上升,对 DPAOs 产生了轻微抑制作用,进水中的外碳源除了被 DPAOs 吸收转化为 PHB 储存在体内外,还有部分被反硝化菌吸收发生反硝化作用。工况 5 的 FNA 浓度继续增加至 $2.19×10^{-3}$ mg/L 时,PHB 的合成和消耗量分别降至 16.66 mg/g 和 16.65 mg/g,PHB 是缺氧吸磷的能量驱动,所以此条件下系统几乎无除磷效果。

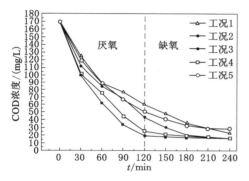

图 4.14 不同 FNA 条件下典型 周期 COD 浓度变化　　图 4.15 不同 FNA 条件下典型 周期 PHB 浓度变化

试验结果证明,系统厌氧段的 COD 去除效果、PHB 的合成量及缺氧段 PHB 的消耗量都受到系统 FNA 浓度的影响。PHB 的合成量和消耗量随 FNA 浓度的升高而表现为先增多后减少,拐点发生在 FNA 浓度为 $1.46×10^{-3}$ mg/L 时。FNA 浓度过低,即亚硝酸盐短缺,除磷电子受体不足;FNA 浓度过高,则会对 DPAOs 产生抑制作用,其他微生物种群占据系统优势地位,与 DPAOs 在厌氧段竞争外碳源转化为自身内部能源物质,但却不能在缺氧段完成吸磷过程。因此,FNA 浓度的选择对反硝化除磷过程至关重要。

### 4.4.4 不同 FNA 浓度下厌氧释磷量对缺氧吸磷量的影响

由图 4.10 可以发现,在短程反硝化除磷过程中,缺氧吸磷量与厌氧释磷量之间存在正相关关系,即 DPAOs 在厌氧段的释磷量越大,在缺氧段的吸磷量越多。系统在各工况下,厌氧段的释磷量和缺氧段的吸磷量变化数据如表 4.3 所示。

表 4.3　不同 FNA 浓度下系统内的厌氧释磷量与缺氧吸磷量

| FNA 浓度/($\times 10^{-3}$mg/L) | 厌氧释磷量/(mg/L) | 缺氧吸磷量/(mg/L) |
| --- | --- | --- |
| 0.58 | 6.00 | 10.08 |
| 1.02 | 13.11 | 19.12 |
| 1.46 | 20.07 | 29.15 |
| 1.82 | 9.34 | 14.14 |
| 2.19 | 0.72 | 1.72 |

相关研究表明,通过胞内聚合物的分解与合成、能量的释放与储存,使厌氧释磷量与缺氧吸磷量之间产生联系。在厌氧段,DPAOs 分解 poly-P 产生能量,表现为厌氧释磷,同时吸收污水中的外碳源转化合成为胞内聚合物(PHB)储存于体内,作为缺氧段反硝化吸磷的能量来源。因此,较高的厌氧释磷量可使 DPAOs 体内储存较多的 PHB,而较多的 PHB 作为能源物质可以在缺氧段为系统带来较多的吸磷量。FNA 浓度为 $1.46 \times 10^{-3}$mg/L 时,系统的反硝化和除磷效果最佳;FNA 浓度增加至 $2.19 \times 10^{-3}$mg/L 时,系统几乎无除磷效果,而反硝化反应仍可发生,证明反硝化细菌对于 FNA 的耐受性大于 DPAOs;PHB 的合成量和消耗量随 FNA 浓度的升高而表现为先增多后减少,拐点发生在 FNA 浓度为 $1.46 \times 10^{-3}$mg/L 时。

根据表 4.3 所示数据,对厌氧释磷量和缺氧吸磷量进行线性拟合,得到线性拟合方程 $y = 1.398\,8x + 1.066\,43$,$R^2 = 0.998\,11$,如图 4.16 所示。由拟合结果明显可以看出系统内厌氧释磷量与缺氧吸磷量呈现显著的线性关系,且此种联系与 FNA 的浓度无关,该发现对短程反硝化除磷系统的高效运行有着极其重要的意义。

## 4.4.5　不同浓度 FNA 对系统比释/吸磷速率的影响

图 4.17 为在不同 FNA 浓度条件下,各系统稳定运行的典型反应周期内的比释磷速率和比吸磷速率的变化情况。从图中可以看出,随着 FNA 浓度的增加,反应器混合液的比释磷速率和比吸磷速率都呈现先升高后降低的趋势,说明低浓度的 FNA 不仅不会抑制 DPAOs 的厌氧释磷和缺氧吸磷能力,反而促进了系统对污水的高效脱氮除磷,这一现象可以通过 FNA 的解偶联作用解释。有研究人员[28]对荧光假单胞菌进行研究,证实 FNA 作为亚硝酸的质子形式,能够穿透细胞膜进入细胞内部,并且可以在膜两侧进行往复运动而不产生能量,但 FNA 透过细胞膜后,它的解偶联作用使胞外驱动质子的能量增加,因此,DPAOs 需要提高呼吸速率,分解更多的 poly-P 以维持质子驱动力的恒定。图

中还可以发现,比吸磷速率曲线变化趋势更加明显,说明 FNA 对缺氧吸磷的影响大于对厌氧释磷的影响。当 FNA 浓度高于 $1.46 \times 10^{-3}$ mg/L时,系统的比释磷速率和比吸磷速率都开始呈现下降趋势。有学者[29]认为由于 FNA 对亚硝酸还原酶的反应产生了不利影响,从而抑制了能量产生,DPAOs 体内糖原、poly-P 的合成和细胞自身生长代谢受到影响。但总体来说,关于 FNA 对 DPAOs 的缺氧反硝化吸磷的抑制机制尚未确定,还需进一步深入研究和探讨。

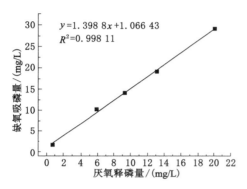

图 4.16　厌氧释磷量与缺氧吸磷量的
线性拟合曲线

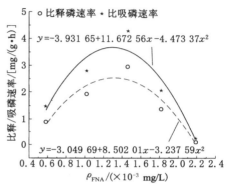

图 4.17　不同 FNA 浓度下系统的
比释磷速率和比吸磷速率

# 4.5　FNA 对短程反硝化除磷系统抑制机理分析

前面小节对 FNA 的浓度对除磷系统的影响进行了试验研究,结果表明高浓度的 FNA 会降低 DPAOs 的释磷及吸磷速率,抑制 DPAOs 的反硝化除磷作用。基于以上的试验数据及其他学者的研究成果,针对反硝化除磷抑制机理,从以下两个方面进行分析。

(1) FNA 的抑制作用可能来自对吸磷过程中生物酶的活性的抑制。

在 DPAOs 的新陈代谢过程中,胞内聚合物起着至关重要的作用。与 DPAOs 密切相关的胞内聚合物主要有 3 种:聚羟基烷酸酯(PHA),多聚磷酸盐(poly-P)和糖原(Glycogen)。其中 poly-P 是能量储存聚合物,它的高能磷酸基团可以转移能量至 ADP 进而形成 ATP,在厌氧阶段为 DPAOs 吸收外碳源提供能量。DPAOs 在缺氧阶段将合成 poly-P 为下一周期的厌氧阶段提供能量做准备,在这个过程中需要多聚磷酸盐激酶(PPK)的参与[30-31]。PPK 在催化 ATP 的末端磷酸的转移过程中发生可逆反应$[nATP \rightleftharpoons nADP + (Pi)_n]$,形成链状多聚磷酸盐$[poly-P 或 (Pi)_n]$。PPK 存在的位置相关联于细胞膜[32],而相关研究[33-34]发现 FNA 会使细胞膜或者细胞壁受到破坏,这种破坏可能会以某种方式使亚硝酸盐进入细胞内部。研究表明亚硝酸性质活泼,进入细胞内可以和很多底物(如氨基、肌血球素等)发生反应,而造成蛋白质改性。因此有理由认为,FNA 对缺氧吸磷的抑制可能来自 FNA 对 PPK 的破坏,最终导致 DPAOs 吸磷过程受到破坏。

(2)FNA 对反硝化产生抑制而导致吸磷效率降低。

厌氧阶段 poly-P 的水解和缺氧阶段 poly-P 的合成受细胞内能量状况的影响。相关研究[35]发现,poly-P 的积累发生在能量较为充足的情况下,若能量不足则 poly-P 分解。当 FNA 抑制反硝化作用而导致其产能降低时,细胞则会分解 poly-P 以维持胞内的能量平衡。该情况下会限制吸磷消耗的能量,DPAOs 的吸磷量也随之减少。

亚硝酸盐除了作为系统中反硝化的中间产物以外,其自身又同时作为底物进行反硝化除磷作用,其质子化产物 FNA 随之在系统中存在一定的积累。通过驯化使 DPAOs 对其进行了适应和性能调整,在一定范围内其并没有对反硝化以及反硝化除磷造成抑制作用,而当系统中 FNA 积累到其抑制浓度上限后,迅速对系统的反硝化能力、反硝化除磷能力以及微生物的生长造成了毒害影响,从这个推想来看,结合中间产物理论,FNA 可能随着其浓度的积累抑制了反硝化除磷作用的顺利进行,降低了吸磷效率,但抑制作用的发生机制仍需进一步研究。

# 参 考 文 献

[1] 马娟,李璐,俞小军,等. FNA 对好氧吸磷的长期抑制及污泥吸磷方式转化[J]. 环境科学,2015,36(10):3786-3793.

[2] 吕心涛. 游离氨(FA)和游离亚硝酸(FNA)对亚硝酸盐氧化菌(NOB)活性的影响试验研究[D]. 兰州:兰州交通大学,2017.

[3] 马娟,王丽,彭永臻,等. FNA 的抑制作用及反硝化过程的交叉影响[J]. 环境科学,2010,31(4):1030-1035.

[4] 杨莹莹,曾薇,刘晶茹,等. 亚硝酸盐对污水生物除磷影响的研究进展[J]. 微生物学通报,2010,37(4):586-593.

[5] ZHENG X L,SUN P D,LOU J Q,et al. The long-term effect of nitrite on the granule-based enhanced biological phosphorus removal system and the reversibility[J]. Bioresource technology,2013,132:333-341.

[6] ZHOU Y, GANDA L, LIM M, et al. Response of poly-phosphate

accumulating organisms to free nitrous acid inhibition under anoxic and aerobic conditions[J]. Bioresource technology,2012,116:340-347.

[7] 王振,孟圆,向衡. NO$_2^-$-N 对反硝化除磷系统运行效能的影响[J]. 广东化工,2016,43(17):11-14.

[8] WANG D B,LI X M,YANG Q,et al. Improved biological phosphorus removal performance driven by the aerobic/extended-idle regime with propionate as the sole carbon source[J]. Water research,2012,46(12):3868-3878.

[9] 李璐,马娟,宋相蕊. FNA 在污水生物脱氮除磷中的抑制效应[J]. 工业水处理,2014,34(6):5-9.

[10] ZHOU Y,OEHMEN A,LIM M,et al. The role of nitrite and free nitrous acid (FNA) in wastewater treatment plants[J]. Water research,2011,45(15):4672-4682.

[11] 裴宁,赵俊山,王成彦,等. 亚硝酸盐对反硝化除磷菌抑制机理研究[J]. 哈尔滨商业大学学报(自然科学版),2009,25(4):415-418.

[12] VANHULLE S W,VOLCKE E I,TERUEL J L,et al. Influence of temperature and pH on the kinetics of the Sharon nitritation process[J]. Journal of chemical technology & biotechnology,2007,82(5):471-480.

[13] PRAKASAM T B S,LOEHR R C. Microbial nitrification and denitrification in concentrated wastes[J]. Water research,1972,6(7):859-869.

[14] ZHOU Y,PIJUAN M T,ZENG R J,et al. Free nitrous acid inhibition on nitrous oxide reduction by a denitrifying-enhanced biological phosphorus removal sludge[J]. Environmental science & technology,2008,42(22):8260-8265.

[15] 韩晓宇,张树军,甘一萍,等. 以 FA 与 FNA 为控制因子的短程硝化启动与维持[J]. 环境科学,2009,30(3):809-814.

[16] 刘牡,彭永臻,吴莉娜,等. FA 与 FNA 对两级 UASB-A/O 处理垃圾渗滤液短程硝化的影响[J]. 化工学报,2010,61(1):172-179.

[17] 彭永臻,刘牡,宋燕杰,等. FNA 对 NO$_2^-$ 为电子受体反硝化的抑制动力学研究[J]. 北京工业大学学报,2012,38(6):890-897.

[18] 高春娣,赵楠,安冉,等. FNA 对短程硝化污泥菌群结构的影响[J]. 中国环境科学,2019,39(5):1977-1984.

[19] 委燕,王淑莹,马斌,等. 缺氧 FNA 对氨氧化菌和亚硝酸盐氧化菌的选择性抑菌效应[J]. 化工学报,2014,65(10):4145-4149.

［20］杨宏,张帆,王少伦,等.游离亚硝酸对高效硝化菌的抑制影响[J].北京工业大学学报,2019,45(10):1017-1024.

［21］张宇坤,王淑莹,董怡君,等.游离氨和游离亚硝酸对亚硝态氮氧化菌活性的影响[J].中国环境科学,2014,34(5):1242-1247.

［22］曾薇,李磊,杨莹莹,等.亚硝酸盐积累对 $A^2O$ 工艺生物除磷的影响[J].环境科学,2010,31(9):2105-2112.

［23］翟缘,张雁秋,李燕.厌氧/缺氧环境驯化短程反硝化聚磷菌[J].江苏农业科学,2014,42(9):332-334.

［24］李燕.短程反硝化除磷动力学模型及工艺技术研究[D].徐州:中国矿业大学,2013.

［25］LANHAM A B, OEHMEN A, SAUNDERS A M, et al. Metabolic modelling of full-scale enhanced biological phosphorus removal sludge [J]. Water research,2014,66:283-295.

［26］刘茜湘.基质浓度对短程反硝化聚磷效果的影响特性研究[D].西安:长安大学,2007.

［27］韩猛.亚硝酸盐对强化生物除磷工艺的影响研究[D].西安:长安大学,2013.

［28］HELLINGA C, VAN LOOSDRECHT M C M, HEIJNEN J J. Model based design of a novel process for nitrogen removal from concentrated flows[J]. Mathematical and computer modelling of dynamical systems,1999,5(4):351-371.

［29］YOSHIDA Y, KIM Y, SAITO T, et al. Development of the modified activated sludge model describing nitrite inhibition of aerobic phosphate uptake[J]. Water science and technology: a journal of the international association on water pollution research,2009,59(4):621-630.

［30］LI C, ZHANG J, LIANG S, et al. Nitrous oxide generation in denitrifying phosphorus removal process: main causes and control measures [J]. Environmental science and pollution research international, 2013, 20 (8): 5353-5360.

［31］OEHMEN A,LEMOS P C,CARVALHO G,et al. Advances in enhanced biological phosphorus removal: from micro to macro scale[J]. Water research,2007,41(11):2271-2300.

［32］MCMAHON K D,DOJKA M A,PACE N R,et al. Polyphosphate kinase from activated sludge performing enhanced biological phosphorus removal

[J]. Applied and environmental microbiology,2002,68(10):4971-4978.

[33] ZHANG H Y, GÓMEZ-GARCÍA M R, SHI X B, et al. Polyphosphate kinase 1, a conserved bacterial enzyme, in a eukaryote, Dictyostelium discoideum, with a role in cytokinesis [J]. Proceedings of the national academy of sciences of the United States of America, 2007, 104 (42): 16486-16491.

[34] DEINEMA M H, VAN LOOSDRECHT M, SCHOLTEN A. Some physiological characteristics of *acinetobacter* spp. accumulating large amounts of phosphate[J]. Water science and technology,1985,17(11/12):119-125.

[35] ZHOU Y, PIJUAN M T, YUAN Z G. Development of a 2-sludge, 3-stage system for nitrogen and phosphorous removal from nutrient-rich wastewater using granular sludge and biofilms[J]. Water research,2008, 42(12):3207-3217.

# 第 5 章　A²-SBR 反硝化除磷系统稳定运行及菌剂处理效果研究

## 5.1　研究背景

### 5.1.1　研究目的与意义

我国面临的水资源危机主要分为水资源短缺和水资源恶化两个方面。我国淡水资源总量约为 28 000 亿 $m^3$,名列世界第六位,但人均占有水资源量却不足 2 300 $m^3$,仅是世界人均占有量的 25%,名列世界第 121 位,被列为世界人均占有水资源量最贫困的 13 个国家之一[1-3]。随着城市化进程和工业技术的发展,人类的生活活动和工业活动产生的废水排放造成了收纳水体富营养化现象,更使我国淡水资源短缺的现象不断加剧,进一步制约了我国经济的快速可持续发展。

水体富营养化现象的成因主要是氮、磷等营养物质的大量排放[4]。氮在水体中的存在形态分为无机氮和有机氮。无机氮多来源于工业废水而有机氮主要来源于生活污水、农业废水及其他一些工业废水[5]。水体中磷的存在形态主要有有机磷、正磷酸盐和聚磷酸盐,主要来自含粪便、磷化肥和洗涤剂等的废水[6-7]。水体富营养化的危害和影响是多方面的。当含氮、磷的污水排放至缓流水体(湖泊、河流、入海口等)中时,会使一个贫营养水体经过中营养、富营养过程,最终老化消失;当含氮、磷的污水排放至海洋等相对动态的水体中时则会引起"赤潮"现象[8-9]。同时亦有研究证实饮用富营养化水体的水会影响人体健康。因此,为控制水体富营养化,寻求高效、节能的污水处理与利用方法成为我国水环境恢复的切入点[10-11]。

水体中氮、磷的去除技术可分为通过化学沉淀法将污水中的磷元素形成不溶性固体沉淀后分离,以及采用生物脱氮除磷法利用微生物摄取氮磷至细胞后通过排泥去除。由于生物脱氮除磷法具有成本较低、适用范围广、不会造成二次污染等优点而成为氮、磷去除的最佳办法[12-14]。

当今水资源短缺，且水体富营养化现象日益严重，国家以及地方相关部门都颁布或补充了有关污水排放的各项标准，对于氮、磷等营养物质的排放要求更加严格。现有的生物脱氮除磷组合工艺主要是建立在传统生物脱氮除磷理论基础上的，其中生物脱氮和生物除磷过程是两个独立的生化反应过程，反硝化菌和聚磷菌之间存在争夺碳源、污泥龄矛盾等竞争弊端，因此协调传统脱氮除磷工艺中存在的矛盾，提高传统工艺的去除效果，开创效率高、能耗低、投资少、运行费用低的脱氮除磷新工艺迫在眉睫。

反硝化除磷理论的发现，为解决传统脱氮除磷工艺的弊端提供了新思路。与传统聚磷菌相比，反硝化聚磷菌 DPAOs 在缺氧阶段完成超量吸磷和反硝化过程从而达到同时脱氮除磷的双重目的，打破了以往脱氮除磷过程分别由专性菌完成的概念，解决了碳源争夺问题，实现了"一碳两用"，降低了污泥产量，并缩短了反应时间，被认为是一种可持续的污水处理工艺。污水生物处理工艺中微生物是工作的主体，以反硝化除磷理论为基础，从生物学角度出发分析反硝化聚磷菌微生物学特性，为反硝化聚磷菌的富集强化及应用提供理论依据和技术支持。以往活性污泥启动的污水生物处理技术中常存在启动时间长、反应器运行不稳定、启动期去除效率不高等缺点。此外，活性污泥保存时间短，运输、携带不便，也在一定程度上限制了生物脱氮除磷技术在工程领域的应用。以强化生物脱氮除磷系统稳定、高效为目标，利用筛选出的高效反硝化聚磷菌得到的具有反硝化脱氮除磷能力的微生物菌剂，具有运输携带方便、易保存、使用方便、成本低、可快速启动反应器并稳定反应器运行处理效率等优点，为反硝化聚磷菌在废水生物处理工程实践中的应用提供了理论依据。

## 5.1.2　反硝化聚磷菌菌剂生物强化技术

近几年来，随着对反硝化除磷工艺研究的深入，国内外学者相继开展了对反硝化除磷菌种属组成的相关研究。

1975 年，Fuhs 等[15]最先从聚磷活性污泥中分离出菌种，经过鉴定他们确认所分离出的菌种为 γ-Proteobacteria 中的 Acinetobacter，且具有较高的除磷能力等。1978 年，Niolls 等在硝酸盐异化还原过程中发现了磷的快速吸收现象，证实了如假单胞菌属、不动杆菌属和气单胞菌属等细菌在反硝化的同时也能超量吸磷。Lötter[16]在 1985 年通过研究 Bardenpho 法污水处理厂曝气段的活性污泥发现 56% 甚至更多的细菌属于不动杆菌属，其余能够大量吸磷的细菌多数属于气单胞菌属和假单胞菌属。石玉明[17]对分离纯化出的 100 株菌株进行了硝酸盐还原性试验，发现有 52 株菌株具有反硝化能力，试验结果表明在缺氧环境存在反硝化吸磷的可能性。罗宁等[18]对 $A^2N$-SBR 双污泥反应器中活性污泥的组成进行了探讨,发现主要起到反硝化脱氮除磷作用的细菌占系统内微生物总量的 66.6%,其中主要包括假单胞菌属,占全部菌株的 23%,含量最高,肠杆菌科细菌和莫拉氏菌属次之,约各占全部菌株的 16%,气单胞菌属和不动杆菌属各占 13%,含量排第三。周康群等[19]利用 SBR 反应器对反硝化聚磷菌进行富集,发现经过富集后的聚磷菌种类虽有减少但较为集中,主要有假单胞菌属和棒状杆菌属,其次是肠杆菌科和葡萄球菌属,假白喉棒杆菌属最少且为反硝化聚磷菌。

### 5.1.2.1 生物强化技术的作用机理

生物强化技术诞生于 20 世纪 70 年代中期,在 80 年代开始得到广泛研究和应用,其核心即投加高效微生物[20]。这项技术是通过在传统的生物处理系统内投加具有特定降解能力的功能微生物以达到改善原系统去除效果的目的。生物强化技术不是一种治理技术而是一种预处理技术[21-23]。

生物强化技术分为直接、共代谢和基因水平转移作用[24-25]。

(1) 直接作用:以目标降解物质为主要能源的微生物直接利用分解底物,以达到去除的效果。

(2) 共代谢作用:一些废水中的微生物无法直接将其利用的有害物质,在一定条件下可通过微生物改变其化学结构,从而达到降低其有害性的目的。

(3) 基因水平转移作用:在基因水平上加速具有特定代谢基因的微生物与自然基因的交换和代谢途径的构造,从而提高降解污染物的能力。

### 5.1.2.2 生物强化技术在废水处理中的应用

生物强化技术即投菌法,其投放的菌株需要满足 3 个基本条件:一是微生物需要保证污水处理的效果;二是投加的微生物需对土著微生物具有包容性;三是对工艺设施具有较强的适应性。Selvaratnam 等[26]将投加高效苯酚降解菌的序批式活性污泥反应器和未接种该菌的反应器运行 44 d 内对苯酚的降解率进行了对比,发现接种高效菌的反应器对苯酚的去除率始终维持在 95%～100%,而未接种的反应器去除率由 100% 降低至 40%,充分体现了生物强化法对于目标污染物具有较高的去除效果并且提高了系统的稳定性。刘双发等[27]利用新型微生物菌剂有效地去除了生活污水中的 COD、$NH_4^+$-N、TP 和臭气,通过实验发现,相较于未投菌系统,当投菌量为 $V_{菌液}/V_{污水}=5/10\,000～1/1\,000$ 时,COD 的去除率提高了 10% 左右;投菌量为 $V_{菌液}/V_{污水}=5/1\,000$ 时,污水中 $NH_4^+$-N 的去除率提高了 37.62%;投菌量 $V_{菌液}/V_{污水}=5/1\,000$ 时,对污水中 TP 的去除有较显著的作用,增幅约 7%。赵立军等[28]通过联合投加活化菌液、生物菌剂和生物污泥的方法,使污水厂生化池在低温条件下仅用 12 d 时间启动成功,有效减少了系统启动时间,节约了投料成本。

生物强化技术具有成本低、无二次污染、改善污泥性能、减少污泥产量、加速系统启动、增强系统运行稳定性和提高系统抗冲击能力等优点。随着对生物强化技术的研究,该技术已经广泛应用于处理高浓度有机废水、治理有毒有害难降解污染物、污水的脱氮除磷、减少系统污泥产量、改善污泥性能、降解焦化废水等方面[29]。

# 5.2　试验材料及方法

## 5.2.1　SBR 反硝化除磷系统试验装置及方法

### 5.2.1.1　SBR 反应器装置

本试验采用圆柱形序批式活性污泥反应器(SBR)作为富集装置,装置内径 14 cm、高 85 cm,有效工作容积为 12 L。反应器底部设有微孔曝气盘,连接气体流量计,采用空气泵对系统进行曝气。反应器顶部安装电动搅拌器,使污泥在厌氧和缺氧环境下处于悬浮状态充分发生反应。装置由双层有机玻璃制成,外层与水浴锅相连进行水浴循环加热,保证系统处于最适恒温状态。系统连接 PHS-10型便携式酸度仪在线监测 pH 值,超出设定 pH 值范围蠕动泵自动向反应器内滴加酸碱缓冲溶液直至 pH 值达到设定范围内。在装置侧边设有多个水样口,底部设有排泥口。整个系统由多个时控开关和电磁阀分别控制进水、排水、搅拌、曝气及硝酸盐氮的投加。

### 5.2.1.2　试验用水与种泥来源

试验采用人工配制污水,以无水乙酸钠作为碳源,氯化铵作为氮源,磷酸二氢钾作为磷源,此外还添加无水氯化钙、七水硫酸镁和微量元素。进水 pH 值由碳酸氢钠调节为 7.5～8.0。进水水质:COD 浓度为 170.00～220.00 mg/L,$NH_4^+$-N 浓度为 5.00～10.00 mg/L,TP 浓度为 8.00～12.00 mg/L,微量元素 1.00 mg/L。微量元素包括 $FeCl_3$ 1.50 g/L,$H_3BO_3$ 0.15 g/L,$CoCl_2 \cdot 7H_2O$ 0.15 g/L,$NaMoO_4 \cdot 2H_2O$ 0.06 g/L,$CuSO_4 \cdot 5H_2O$ 0.03 g/L,$MnCl_2 \cdot 4H_2O$ 0.06 g/L,$ZnSO_4 \cdot 7H_2O$ 0.12 g/L,KI 0.18 g/L,EDTA 10.00 g/L。污泥取自辽宁省抚顺市三宝屯污水处理厂的二沉池,该厂采用的是 $A^2/O$ 工艺。

### 5.2.1.3　运行方式

本试验采用两阶段驯化法对反硝化聚磷菌进行富集。第一阶段采用厌氧/好氧交替运行的方式使传统聚磷菌成为系统内的优势菌种;第二阶段采用厌氧/缺氧的方式继续进行驯化,在厌氧结束后通过连续滴加硝态氮作为电子受体使系统进入缺氧模式。反应器每天运行 3 个周期,每个周期运行 5~5.5 h,MLSS 控制在 2 800~3 300 mg/L,污泥沉降比(SV)为 30％,pH 值控制在7.5~8.0,SRT 为 15 d[30]。每天监测进出水水质指标 COD、TP 及 $NO_3^-$-N 的浓度。

5.2.1.4　检测方法

常规检测项目及分析检测方法来源于《水和废水监测分析方法》(第四版)[31],COD 测定采用快速密闭催化消解法,TP 测定采用钼锑抗分光光度法,$NO_3^-$-N 测定采用紫外分光光度法,MLSS 测定采用滤纸称重法,pH 测定采用 PHS-25 pH 计,DO 测定采用 HQ40d 型便携式数字显示测氧仪,温度测定采用恒温水浴锅,SV 测定采用 30 min 沉降法。

## 5.2.2　SBR 静态试验装置

反硝化除磷静态反应瓶有效容积为 3 L,通入 $N_2$ 控制厌氧环境,通过蠕动泵投加浓度为 35 mg/L硝态氮作为电子受体控制缺氧反应条件,运行方式与在反应器中相同,以考察不同影响因素对反硝化脱氮除磷的影响。

## 5.2.3　反硝化聚磷菌的分离筛选

5.2.3.1　菌株来源

取富集后运行稳定 SBR 反应器中某周期缺氧结束段的活性污泥混合液作为分离用泥。

5.2.3.2　培养基组成

反硝化培养基(注:每升用量,下同):5 g 柠檬酸钠、1 g $KNO_3$、1 g $KH_2PO_4$、1 g $K_2HPO_4$、0.2 g 七水硫酸镁、15 g 琼脂,pH 值为 7.2~7.4。

聚磷培养基:3.68 g $CH_3COONa \cdot 3H_2O$、28.73 mg $Na_2HPO_4$、57.27 mg $NH_4Cl$、131.82 mg $MgSO_4 \cdot 7H_2O$、26.71 mg $K_2SO_4$、17.20 mg $CaCl_2 \cdot 2H_2O$、15 g 琼脂,2 mL 微量元素,pH 值为 7.0。

限磷培养液:3.32 g $CH_3COONa \cdot 3H_2O$、152.76 mg $NH_4Cl$、22.98 mg $Na_2HPO_4 \cdot 2H_2O$、81.12 mg $MgSO_4 \cdot 7H_2O$、17.83 mg $K_2SO_4$、11 mg $CaCl_2 \cdot 2H_2O$、2 mL 微量元素,pH 值为 7.0。

富磷培养液:3.32 g $CH_3COONa \cdot 3H_2O$、305.52 mg $NH_4Cl$、35.11 mg $KH_2PO_4 \cdot 2H_2O$、91.26 mg $MgSO_4 \cdot 7H_2O$、25.68 mg $CaCl_2 \cdot 2H_2O$、2 mL 微量元素。

富氮富磷培养液:3.32 g $CH_3COONa \cdot 3H_2O$、305.52 mg $NH_4Cl$、35.11 mg $KH_2PO_4 \cdot 2H_2O$、91.26 mg $MgSO_4 \cdot 7H_2O$、25.68 mg $CaCl_2 \cdot 2H_2O$、300 mg $KNO_3$、2 mL 微量元素。

微量元素:同 5.2.1.2。

硝酸盐还原培养基:1 g $KNO_3$、2.42 g $KH_2PO_4 \cdot 2H_2O$、1 g 葡萄糖、1 g 琼脂、20 g 蛋白胨。

### 5.2.3.3　菌种的分离纯化

本试验采用稀释涂布法和平板划线分离法进行分离纯化。取富集后 SBR 缺氧结束端的污泥混合液 10 mL,置于已灭菌的装有 90 mL 无菌蒸馏水和玻璃珠的三角瓶中在摇床上充分振荡 30 min,制成 $10^{-1}$ 浓度的菌悬液;取 10 mL 的 $10^{-1}$ 浓度的菌悬液于 90 mL 的无菌蒸馏水中,稀释得到 $10^{-2}$ 浓度的菌悬液,以此类推得到 $10^{-3}$、$10^{-4}$、$\cdots$、$10^{-6}$ 浓度梯度的菌悬液[32-33]。吸取 0.2 mL 菌悬液分别接种在反硝化培养基和聚磷培养基中,用无菌三角玻璃刮刀在培养基表面均匀涂布,每个培养基每个稀释浓度下分别涂布 3 个平行样,将稀释涂布后的培养基平板倒置于 30 ℃ 恒温培养箱中培养 2~4 d 后,从中挑选菌落分布均匀清晰、数量适宜(菌落数约在 30~300 个)的平板采用平板划线法进行分离纯化。用灼烧好的接种环挑取少量目标菌落,在准备好的平板上进行划线,划线时尽量将所划区域划满,这样更容易得到所需的单一菌落,划线的时候不要挑破琼脂表面,挑取菌量不宜过多,使菌种均匀分布在平板上[34-35]。将划线后的平板倒置在 30 ℃ 恒温培养箱中进行培养。多次重复划线分离,直到得到单一菌落后冷藏备用。

### 5.2.3.4　菌种筛选

将上述分离纯化的菌株辅以好氧吸磷试验、硝酸盐还原产气试验,最终筛选出具有同步脱氮除磷作用的细菌为 DPAOs[36-37]。具体试验如下:

(1)好氧吸磷试验:将上述分离纯化的菌株接种到限磷培养液中,在 30 ℃ 摇床中振荡培养 24 h,保证菌体充分释磷将菌体内 poly-P 颗粒消耗完全,然后将菌液离心(4 000 r/min,10 min),弃去上清液,用无菌蒸馏水洗涤离心 2 次后投入已知磷浓度的富磷培养液中培养 24 h,定时取样测定上清液中 $PO_4^{3-}$-P 浓度的变化。

(2)硝酸盐还原产气试验:将带杜氏小管的硝酸盐还原培养基于 121 ℃ 灭菌 20 min 后分别接入待测菌株,每个菌株做 2 个平行样,同时留 2 个空白样作为对照组。放置在 30 ℃ 恒温培养箱中培养,分别在 1 d、3 d、5 d 时观察杜氏小管内是否产生气泡,有气泡产生则说明有氮气生成。取培养液于比色盘中,加入格里斯试剂 A 液和 B 液 1~2 滴。若溶液出现红色、橙色或棕色则表示为硝酸盐还原阳性,若无阳性反应则可加入 1~2 滴二苯胺试剂,如培养液呈蓝色则为阴性反应,若不呈蓝色则还按阳性反应处理。

## 5.2.4　菌株的生长特性及吸磷性能

### 5.2.4.1　生长曲线的测定

将上述筛选得到的反硝化聚磷菌在无菌条件下接种于反硝化/聚磷培养液

中,在 30 ℃、140 r/min 恒温振荡培养箱中培养,一定时间间隔取样,以空白培养液作为空白样,使用分光光度计在 600 nm 波长下测定待测菌液的吸光度值。此时菌液的吸光度值代表菌浊度($OD_{600}$)即细菌浓度。以时间为横坐标,吸光度值为纵坐标绘制曲线,即可得到生长曲线。

### 5.2.4.2 吸磷/释磷效能

取筛选后的菌株进行富集培养,即将待测菌株分别接入反硝化液体培养基或聚磷液体培养基中在 30 ℃、摇床转速为 140 r/min 条件下培养。将富集好的菌液于 4 000 r/min 条件下离心 10 min,弃除上清液,用无菌蒸馏水洗涤后再离心,重复清洗操作 2 次。将菌株接种到限磷培养液中,于 30 ℃摇床中振荡培养 24 h,保证菌体充分释磷,然后将菌液于 4 000 r/min 条件下离心 10 min,弃去上清液,用无菌蒸馏水洗涤离心 2 次后投入已知氮磷浓度的富氮富磷培养液中培养 24 h,定时取样测定上清液中 $NO_3^- $-N 和 $PO_4^{3-}$-P 浓度的变化。

## 5.2.5 反硝化聚磷菌的紫外诱变

### 5.2.5.1 菌悬液的制备

将反硝化聚磷菌接种于专性斜面培养基,在 30 ℃恒温培养箱中培养 12 h,用无菌生理盐水洗脱后制成 $OD_{600}=0.2$ 左右的菌悬液。

### 5.2.5.2 紫外光致死效应测定

取 10 mL 菌悬液于直径为 90 mm 的无菌培养皿中,于 30 W 紫外灯下 30 cm 处分别照射 0 s、10 s、20 s、22 s、25 s、30 s、40 s、50 s 和 60 s,在无光环境下取照射后的菌悬液 0.5 mL 以 10 倍稀释法进行稀释,取 0.2 mL 稀释度为 $10^{-4} \sim 10^{-6}$ 的菌液涂布于专性培养基平板,每个稀释倍数做 3 个平行样,用黑色包装纸包好在 30 ℃避光培养 48 h 后计算平板上的菌落数,计算在不同照射时间下的致死率。

### 5.2.5.3 紫外诱变及优势菌株除磷效能测定

按照方法将菌悬液置于紫外灯下照射 25 s,经 10 倍稀释后取 0.2 mL 稀释度为 $10^{-4} \sim 10^{-6}$ 的菌液涂布于专性培养基平板,用黑色包装纸包好在 30 ℃避光培养 2~4 d,对分离出的突变菌株的反硝化脱氮除磷效能进行测定,从中筛选出脱氮除磷效果明显高于原菌株的突变菌株。

## 5.2.6 菌株的鉴定

### 5.2.6.1 菌落形态特征

挑取少量目标菌株,将其划线到专性培养基上,在恒温培养箱内 30 ℃培养 48 h 后,挑选单菌落,观察菌落的颜色、形状、透明度、表面光泽度及黏稠度、菌落边缘隆起状态等。

#### 5.2.6.2　生理生化试验

对筛选出来的目标菌株进行革兰氏染色等一系列生理生化试验,包括接触酶试验、氧化酶试验、葡萄糖氧化发酵试验、糖醇发酵试验、甲基红试验、V-P试验、硝酸盐还原试验、柠檬酸盐利用试验、明胶液化试验。具体试验方法参见参考文献[38]。

#### 5.2.6.3　16S rDNA编码基因的序列分析

使用TaKaRa试剂盒将菌株的基因组DNA纯化并提取,然后以总DNA为模板利用引物27F和1492R进行PCR扩增。PCR采用50 $\mu$L反应体系,反应条件为:94 ℃预变性3 min;94 ℃变性30 s;55 ℃退火30 s;72 ℃延伸30 s,30个循环;72 ℃补充延伸5 min;4 ℃终止保存。扩增产物用1%琼脂糖凝胶进行电泳检验后进行16S rDNA测序。所得测序结果在GenBank数据库中利用BLAST软件进行序列的同源性比较,然后利用相关种属的16S rDNA序列构建系统发育树。

### 5.2.7　微生物菌剂的制备

#### 5.2.7.1　菌种来源

所用菌株为筛选出的优势诱变菌株NG2。

#### 5.2.7.2　培养基组成

PAM培养液:4.0 g柠檬酸钠、3.06 g $Na_2HPO_4$、3.0 g $KH_2PO_4$、2.75 g $(NH_4)_2SO_4$、0.25 g $MgSO_4 \cdot 7H_2O$、0.25 g $CaCl_2$、2.5 g NaCl、0.01 g蔗糖。

牛肉膏蛋白胨培养液:3 g牛肉膏、10 g蛋白胨、5 g NaCl,pH值为7.2~7.5。

活性污泥或菌剂处理效能评价培养液:400 mg $CH_3COONa \cdot 3H_2O$、20 mg $NH_4Cl$、44 mg $KH_2PO_4 \cdot 2H_2O$、82 mg $MgSO_4 \cdot 7H_2O$、65 mg $CaCl_2 \cdot 2H_2O$、300 mg $KNO_3$、2 mL微量元素。

#### 5.2.7.3　微生物菌剂制备方法

将菌株NG2接种于反硝化液体培养基中,于30 ℃、120 r/min条件下振荡培养20 h得到种子液。取适量菌液在4 000 r/min条件下离心10 min后获得菌株NG2,用无菌生理盐水清洗3次并重复离心操作。加入20 mL牛肉膏蛋白胨培养液作为发酵液和2 mL PAM培养液的混合液(pH=6.5)使菌体重悬,倒入用球磨机磨碎后过筛(200目)的灭菌后的载体(麦麸和玉米粉)5 g在35 ℃、120 r/min条件下摇晃发酵8 h。最后将发酵物置于盖有8层纱布的培养皿内,在30 ℃下进行干燥,制成菌剂成品。

#### 5.2.7.4　微生物菌剂制备条件优化

(1)载体组成。

制备菌株 NG2 种子液,取 20 mL 种子液用无菌生理盐水清洗离心后得到菌株,加入 20 mL 牛肉膏蛋白胨培养液和 2 mL PAM 培养液的混合液(pH 值为6.5)使菌体重悬,加入 5 g 灭菌后的载体在 35 ℃、120 r/min 条件下摇晃发酵 8 h,其中载体麦麸和玉米粉分别按质量比 75∶25、80∶20、85∶15、90∶10、95∶5、100∶0 混合。最后将发酵物置于盖有 8 层纱布的培养皿内,在 30 ℃下进行干燥,制成菌剂成品。取 1 g 制备成功的菌剂投入 100 mL 人工配制模拟废水中,在 2 h 厌氧—12 h 缺氧条件下运行,定时取水样离心后的上清液测定其中 COD、TP、$NO_3^-$-N 的浓度。

(2)投菌量。

将菌株于 30 ℃、120 r/min 条件下振荡培养 20 h 得到的种子液分别取 0 mL、10 mL、20 mL、30 mL、40 mL、50 mL,在 4 000 r/min 条件下离心 10 min 后获得菌株,分别加入 20 mL 牛肉膏蛋白胨培养液和 2 mL PAM 培养液的混合液(pH=6.5)使菌体重悬,倒入 5 g 灭菌后的载体(麦麸 4.25 g,玉米粉0.75 g),摇晃发酵 8 h,最后将发酵物置于盖有 8 层纱布的培养皿内,在 30 ℃下进行干燥,制成菌剂成品。取 1 g 制备成功的菌剂投入 100 mL 人工配制模拟废水中,在 2 h 厌氧—12 h 缺氧条件下运行,定时取水样离心后的上清液测定其中 COD、TP、$NO_3^-$-N 的浓度。

(3)发酵液用量。

制备菌株 NG2 种子液,取 20 mL 种子液用无菌生理盐水清洗离心后得到菌株,分别加入 5 mL、10 mL、15 mL、20 mL、25 mL、30 mL 牛肉膏蛋白胨培养液和 2 mL PAM 培养液的混合液(pH=6.5)使菌体重悬,加入 5 g 灭菌后的载体(麦麸 4.25 g,玉米粉 0.75 g),在 35 ℃、120 r/min 条件下摇晃发酵 8 h,最后将发酵物置于盖有 8 层纱布的培养皿内,在 30 ℃下进行干燥,制成菌剂成品。取 1 g 制备成功的菌剂投入 100 mL 人工配制模拟废水中,在 2 h 厌氧—12 h 缺氧条件下运行,定时取水样离心后的上清液测定其中 COD、TP、$NO_3^-$-N 的浓度。

(4)发酵液的 pH 值。

制备菌株 NG2 种子液,取 20 mL 种子液用无菌生理盐水清洗离心后得到菌株,加入 20 mL 牛肉膏蛋白胨培养液和 2 mL PAM 培养液的混合液(pH 值分别为 5.5、6.5、7.0、7.5、8.0)使菌体重悬,加入 5 g 灭菌后的载体(麦麸 4.25 g,玉米粉 0.75 g),在 35 ℃、120 r/min 条件下摇晃发酵 8 h,最后将发酵物置于盖有 8 层纱布的培养皿内,在 30 ℃下进行干燥,制成菌剂成品。取 1 g 制备成功的菌剂投入 100 mL 人工配制模拟废水中,在 2 h 厌氧—12 h 缺氧条件下运行,定时取水样离心后的上清液测定其中 COD、TP、$NO_3^-$-N 的浓度。

#### 5.2.7.5　菌剂稳定性试验

将按优化配方制备的菌剂在 25 ℃±5 ℃下保存,在不同时间取样,对其处理效能进行检测,以此考察菌剂的稳定性。

### 5.2.8　反硝化聚磷菌菌剂强化 SBR 运行方法研究

#### 5.2.8.1　菌剂

由 5.2.7 中方法制备出的微生物菌剂。

#### 5.2.8.2　投菌与反应器运行方法

本试验设置 5 个 SBR 反应器,分别编号为 1~5,其中向反应器 2~5 中分别投加不同量的菌剂,反应器 1 为未加菌剂系统(作为对照组)。各反应器有效容积为 4 L,分别向反应器中投加约 1 L 的活性污泥,使系统泥水体积比为 1∶3,MLSS 保持在 2 800~3 300 mg/L。定期排泥维持各反应器污泥停留时间为 15 d。

反应器 1~5 运行模式为瞬时进水—厌氧 2 h—缺氧 2.5 h—沉淀 0.25 h—瞬时排水,投加 35 mg/L 硝态氮作为电子受体控制缺氧条件,取人工配制生活污水 3 L 分别注入 5 个 SBR 静态反应瓶进行污泥培养,每个反应瓶中菌剂投加量为 0 mg/L、0.5 mg/L、1.0 mg/L、1.5 mg/L、2.0 mg/L,每天运行 2 个周期,其余时间闲置。

## 5.3　反硝化聚磷菌的富集

### 5.3.1　第一阶段运行结果分析

本阶段采用厌氧/好氧模式连续运行 16 d,系统 COD、TP 去除效果见图 5.1 和图 5.2。驯化前 3 d COD 平均进水浓度为 217.94 mg/L,厌氧、好氧段平均出水浓度为 97.09 mg/L、62.70 mg/L,说明 COD 主要在厌氧阶段被利用,聚磷菌在该阶段摄取污水中易降解的有机物并以 PHB 的形式储存在体内,进而去除了污水中大部分的 COD,该过程为后续好氧段超量吸磷提供了充足的内碳源。由于这一过程消耗聚磷菌体内的质子动力势(PMF),需要分解聚磷菌体内 poly-P 以正磷酸盐的形式释放出胞外以此重建 PMF 并产生 ATP,即聚磷菌在该阶段表现为厌氧释磷。在好氧阶段,聚磷菌消耗 PHB 生成能量 ATP,一部分用于自身的合成和维持生命活动,另一部分用于磷的超量吸收,该过程表现为好氧吸磷[39-41]。在第 8 天至第 11 天,厌氧末端 COD 平均出水浓度为 66.41 mg/L,远超出聚磷菌所需外碳源量,在下一阶段驯化中未被转化的外碳源进入缺氧阶段会使系统内的反硝化菌利用外碳源并与 DPAOs 争夺 $NO_3^-$-N

优先进行反硝化反应,DPAOs 则由于缺少电子受体进行缺氧吸磷反应将受到抑制。因此,在第 12 天时减少碳源投加量,使进水 COD 浓度为 183.26 mg/L,厌氧末端 COD 浓度仅剩余 31.53 mg/L。图 5.2 表明,在系统驯化的初始阶段,反应器厌氧段释磷量仅为 6.31 mg/L,好氧段出水磷的浓度为 6.17 mg/L,释磷率与吸磷率都较低。随着系统的运行 TP 去除效果逐渐增强,在第 4 天至第 12 天时,系统的释磷量和吸磷量都稳步提升,厌氧段出水磷的浓度由 29.46 mg/L 增长到 39.75 mg/L,好氧段出水磷的浓度由 3.59 mg/L 降低到 0.76 mg/L。第 16 天时,厌氧结束 TP 出水浓度为 42.92 mg/L,释磷量约为 30 mg/L,好氧出水 TP 浓度为 0.33 mg/L,达到《城镇污水处理厂污染物排放标准》(GB 18918—2002)一级标准 A 标准,此时反应器具有稳定的除磷效果,聚磷菌已经成为反应器内的优势菌种,可进行第二阶段 DPAOs 的富集。

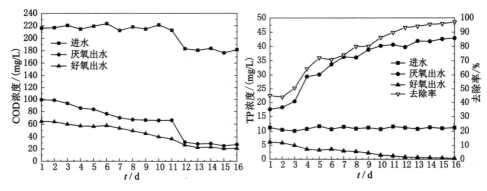

图 5.1　第一阶段 COD 浓度变化情况　　　图 5.2　第一阶段 TP 浓度变化情况

## 5.3.2　第二阶段运行结果分析

经过第一阶段对传统聚磷菌的富集后,转变培养条件,停止好氧曝气,在厌氧阶段结束后投加硝态氮质量浓度为 35 mg/L 的 $KNO_3$ 溶液作为 DPAOs 缺氧吸磷的电子受体,使系统内存在充足的 $NO_3^--N$ 作为电子受体进行 DPAOs 的富集,该阶段历时 20 d。厌氧阶段 DPAOs 利用水解体内多聚磷酸盐产生的能量吸收外碳源合成 PHB 储存于胞内,该阶段宏观表现为释磷过程[42-44]。缺氧阶段 DPAOs 以 PHB 为碳源利用 $NO_3^--N$ 作为电子受体超量吸磷[45-47]。如图 5.3 所示,经过第一阶段驯化对进水 COD 浓度的调整,本阶段 COD 平均进水浓度为 179.14 mg/L,厌氧结束 COD 平均出水浓度为 27.10 mg/L,缺氧结束 COD 平均出水浓度为 22.42 mg/L 左右,说明大部分外碳源在厌氧反应阶段被聚磷菌吸收,只有一小部分在缺氧阶段被系统中存在的异养菌或常规反硝化菌所利用,益于 DPAO 的富集[48]。图 5.4 显示了第二阶段 TP、NO₃⁻-N 浓度变化情况。反应初期，传统聚磷菌作为反应器中优势菌种因无法利用 $NO_3^-$-N 作为电子受体进行吸磷反应[49]，TP、$NO_3^-$-N 去除率都较低，分别为 35.05%、23.74%。随着反应器的运行，DPAOs 成为优势菌种，TP 和 $NO_3^-$-N 去除率逐渐升高。厌氧出水 TP 在 1～4 d 浓度平均值仅为 15.30 mg/L，这是因为传统聚磷菌在缺氧阶段没有可利用的 $O_2$ 作为电子受体，不能吸收污水中正磷酸盐合成 poly-P 储存于体内进而影响厌氧阶段的释磷反应[50-51]。经过 20 d 的富集培养，COD、$NO_3^-$-N、TP 的缺氧出水浓度分别为 24.52 mg/L、2.64 mg/L、0.37 mg/L，达到《城镇污水处理厂污染物排放标准》(GB 18918—2002)一级标准 A 标准，去除率分别达到 86.37%、91.20%、96.72%。

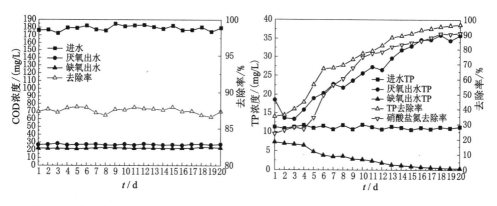

图 5.3　第二阶段 COD 浓度变化情况　　　图 5.4　第二阶段 TP、$NO_3^-$-N 浓度变化情况

## 5.3.3　系统典型周期运行结果

经过前两个阶段的驯化，SBR 系统中反硝化聚磷菌已成为优势菌种，以硝态氮为电子受体的反硝化聚磷污泥驯化成功，图 5.5 为系统稳定运行后一个典型周期内的除磷效果。由图可见，进水 COD 和 TP 浓度分别为 181.58 mg/L 和 11.28 mg/L，厌氧过程(0～120 min)TP 浓度逐渐升高，由 11.28 mg/L 上升到 36.82 mg/L，平均释磷速率为 3.65 mg/(g·h)。COD 浓度逐渐降低，由 181.58 mg/L 降低到 27.45 mg/L，平均 COD 降解速率为 22.01 mg/(g·h)。缺氧阶段(120～270 min)向系统内投加 $NO_3^-$-N 浓度为 35 mg/L 的 KNO₃溶液，在缺氧末端 COD 出水浓度为 21.14 mg/L，TP 出水浓度为 0.47 mg/L，平均吸磷速率为 4.15 mg/(g·h)。

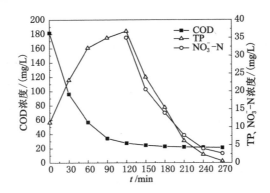

图 5.5　稳定运行阶段 COD、TP、$NO_3^-$-N 浓度变化情况

# 5.4　反硝化聚磷菌微生物特性研究

反硝化聚磷菌在厌氧环境下利用分解体内多聚磷酸盐(poly-P)产生的能量吸收废水中分子量较小的可挥发性脂肪酸(VFA)合成 PHB 储存于体内；在缺氧环境下能利用氧气、亚硝酸盐、硝酸盐作为氧化胞内 PHB 的电子受体吸收废水中正磷酸盐合成 poly-P 储存于体内用于微生物自身的同化作用[52-53]。与传统聚磷菌相比，DPAOs 在缺氧阶段完成过量吸磷和反硝化过程从而达到同时脱氮除磷的双重目的，解决了碳源争夺问题，实现了一碳两用，降低了污泥产量，并缩短了反应时间，被认为是一种可持续的污水处理工艺[13,54-56]。

因此，要从生物学角度出发对同步反硝化脱氮除磷技术进行研究需解决的首要问题就是筛选出具有高效脱氮除磷作用的反硝化聚磷菌。

本试验在 $A^2$-SBR 法驯化成功的反硝化聚磷污泥的基础上，对缺氧结束后的污泥进行了分离纯化，将筛选出的具有脱氮除磷能力的菌株进行紫外诱变，比较突变菌株的反硝化除磷能力，观察菌种生长特性及形态特征，对其生理生化指标进行检测，最后通过分子生物学手段对菌株进行扩增测序，确定反硝化聚磷菌的菌属，为今后反硝化脱氮除磷技术的实际应用提供参考。

## 5.4.1　反硝化聚磷菌的分离纯化

因为反硝化聚磷菌同时具有除磷和反硝化功能，所以本试验采用聚磷和反硝化这两种专性培养基分别对聚磷菌和反硝化菌进行分离，该过程避免了在普通培养基中反硝化聚磷菌不好分离的情况，减少了划线分离的工作量，缩短了试验所需时间[57]。于平板上分别挑取不同的典型菌落通过平板划线分离法进行分离纯化，最后分别从聚磷培养基和反硝化培养基中各分离出 7 株纯菌，各自命名为菌株 P1～P7 和 N1～N7。

## 5.4.2　反硝化功能的测定

将分离出的 14 株纯菌株做硝酸盐还原产气试验,有气体生成为阳性,无气体生成则为阴性,其中有 6 株菌株反应结果为阳性,具备反硝化功能,结果如表 5.1 所示。

表 5.1　硝酸盐还原产气试验

| 还原产气试验结果 | 菌株 |
|---|---|
| 阳性 | N2、N3、N4、N6、P4、P5 |
| 阴性 | N1、N5、N7、P1、P2、P3、P6、P7 |

## 5.4.3　好氧吸磷能力的测定

将具有反硝化功能的 6 株纯菌株接种于聚磷和反硝化培养液中进行富集,待菌体长出后将离心所得到的菌体投入限磷培养液中充分释磷将菌体内 poly-P 颗粒消耗完全,最后投入富磷培养液中进行好氧吸磷能力的测定,检测结果见表 5.2。菌株 N4 在好氧培养 24 h 离心后的上清液中磷浓度为 0.81 mg/L,磷去除率最高,达到了 82.69%,菌株 P4 和 P5 也有较好的除磷效果,磷去除率分别达到了 77.53% 和 71.84%。

表 5.2　好氧吸磷试验

| 菌株 | 初始磷浓度/(mg/L) | 2 h 吸磷率/% | 24 h 吸磷率/% |
|---|---|---|---|
| N2 | 4.68 | 47.43 | 49.62 |
| N3 | 4.68 | 28.75 | 39.47 |
| N4 | 4.68 | 64.82 | 82.69 |
| N6 | 4.68 | 39.86 | 44.73 |
| P4 | 4.68 | 65.21 | 77.53 |
| P5 | 4.68 | 59.28 | 71.84 |

## 5.4.4　菌株释磷/吸磷效能

取上述 3 株菌株进行富集培养后,先后在限磷培养液和富氮富磷培养液中发生厌氧/缺氧反硝化吸磷试验,根据试验结果分析各个菌株反硝化除磷脱氮效能,结果见图 5.6、图 5.7。由图 5.6 可以看出,在厌氧阶段,这 3 株反硝化聚磷菌 N4、P4 和 P5 均有不同程度释磷,前 2 h 释磷量分别为 2.25 mg/L、1.88 mg/L、0.84 mg/L,24 h 的释磷量达到了 2.95 mg/L、2.77 mg/L、1.31 mg/L。从图 5.7

可以看出,在缺氧阶段,3 株菌反硝化吸磷反应均发生在反应前 2 h 内,其中 P5 除磷脱氮效率较低,分别为 52.06% 和 46.02%,原因可能是厌氧阶段没有合成足够的 PHB 为缺氧阶段提供能量,也可能是由于缺氧阶段合成的胞内聚磷达到饱和致使反应不能继续进行。菌株 N4 和 P4 前 2 h 吸磷量分别为 6.19 mg/L 和 5.26 mg/L,24 h 后磷的去除率分别达到 77.13% 和 67.36%,24 h 脱氮率分别为 83.74% 和 71.42%。在 3 株菌株中菌株 N4 的除磷脱氮效率最高,因此将菌株 N4 确定为诱变目标菌种。

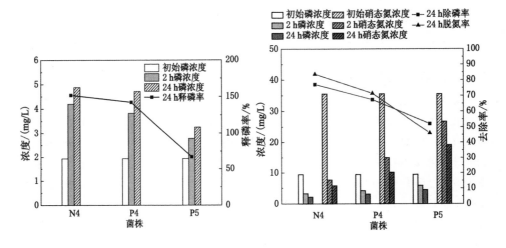

图 5.6　菌株厌氧释磷情况　　　　图 5.7　菌株缺氧反硝化吸磷情况

## 5.4.5　菌株的紫外诱变育种

### 5.4.5.1　诱变条件的确定

由图 5.8 可知,随着照射时间的增长,菌株 N4 的致死率也随之增加。当照射时间为 40 s 时,菌株 N4 的致死率达到了 98.4%;当照射时间在 50 s 以上时,致死率则达到了 100%;当照射时间为 25 s 时,致死率为 78.3%。在大量已报道的紫外诱变结果中发现,较长的照射时间会使处理后的菌株负突变率增高,造成菌株损伤大、回复少的结果,而较短的照射时间下正突变率较高,但易发生回复,所以一般菌株的致死率在 75%～80% 时回复的可能性小,诱变效果较好[58]。因此本试验最佳照射时间为 25 s。

### 5.4.5.2　优势突变菌株的筛选

菌株 N4 通过紫外照射 25 s 后利用专性培养基分离纯化得到了 8 株纯菌株,分别命名为 NG1～NG8,然后对分离出的突变菌株的反硝化除磷脱氮效能进行测定,结果如表 5.3 和表 5.4 所示。

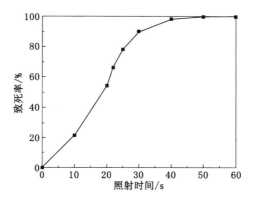

图 5.8　照射时间与致死率的关系

表 5.3　菌株厌氧释磷情况

| 菌株 | 初始 TP 浓度/(mg/L) | 2 h 后 TP 浓度/(mg/L) | 24 h 后 TP 浓度/(mg/L) | 释磷率/% |
|------|------|------|------|------|
| NG1 | 2.28 | 4.65 | 5.71 | 150.44 |
| NG2 | 2.28 | 4.82 | 5.89 | 158.33 |
| NG3 | 2.28 | 4.76 | 5.76 | 152.63 |
| NG4 | 2.28 | 3.37 | 4.59 | 101.32 |
| NG5 | 2.28 | 4.62 | 5.68 | 149.12 |
| NG6 | 2.28 | 4.48 | 5.31 | 132.89 |
| NG7 | 2.28 | 4.73 | 5.22 | 128.95 |
| NG8 | 2.28 | 4.79 | 5.85 | 156.58 |

表 5.4　菌株反硝化吸磷情况

| 菌株 | 初始 TP 浓度/(mg/L) | 2 h 后 TP 浓度/(mg/L) | 24 h 后 TP 浓度/(mg/L) | TP 去除率/% | 初始 $NO_3^-$-N 浓度/(mg/L) | 24 h 后 $NO_3^-$-N 浓度/(mg/L) | $NO_3^-$-N 去除率/% |
|------|------|------|------|------|------|------|------|
| NG1 | 8.63 | 2.18 | 1.75 | 79.72 | 34.26 | 4.70 | 86.28 |
| NG2 | 8.63 | 2.74 | 0.91 | 89.46 | 34.26 | 2.85 | 91.68 |
| NG3 | 8.63 | 3.27 | 1.87 | 78.33 | 34.26 | 4.98 | 85.46 |
| NG4 | 8.63 | 5.09 | 4.36 | 49.48 | 34.26 | 14.92 | 56.45 |
| NG5 | 8.63 | 3.31 | 2.40 | 72.19 | 34.26 | 8.65 | 74.75 |
| NG6 | 8.63 | 4.64 | 3.09 | 64.19 | 34.26 | 10.54 | 69.24 |
| NG7 | 8.63 | 4.79 | 3.76 | 56.43 | 34.26 | 12.60 | 63.22 |
| NG8 | 8.63 | 2.85 | 1.63 | 81.11 | 34.26 | 5.27 | 84.62 |

从表 5.3 可以看出在厌氧阶段突变菌株 NG2 释磷率达到 158.33%，比原菌株 N4 释磷率高出 6.35 个百分点。从表 5.4 中可以看出，经过 24 h 后菌株 NG2 的 TP 去除效果最为明显，TP 去除率高达 89.46%，与原菌株 N4 相比去除率提高了 12.33 个百分点，且对于 $NO_3^--N$ 的去除效果菌株 NG2 也是所有菌株中最好的，$NO_3^--N$ 去除率比原菌株 N4 高了 7.94 个百分点。在所有菌株中以菌株 NG2 除磷脱氮效果最为显著，因此以菌株 NG2 为研究对象，对其生长曲线及菌种特性进行研究。

### 5.4.5.3　生长曲线

图 5.9(a)、(b)分别为原菌株 N4 和诱变菌株 NG2 的生长曲线。从图可以看出，菌株 N4 适应期约为 4 h，从曲线中可以看出这阶段生长趋势较为平缓，是菌株在刚转入一个新环境逐渐适应的阶段；在 5~22 h 进入了对数生长期，可以看出在该阶段菌株 N4 生长速率逐渐增加，菌液生物量 $OD_{600}$ 由 0.057 增长至 0.897，最大生长速率为 0.049；在 24 h 后进入了稳定期，该阶段营养物质相对匮乏，菌株生长能力受限，新生和死亡的细菌几乎持平。菌株 NG2 适应期较为短暂，相比于菌株 N4 能更快适应新环境，在 3~16 h 进入对数生长期，倍增时间约为 13 h，较菌株 N4 时间短，且最大生长速率为 0.087；在 18 h 之后进入了稳定阶段，细菌总量保持稳定。综上所述，菌株 NG2 不论是最大生物量还是最大增长速率都较菌株 N4 高，且适应时间和倍增时间均小于菌株 N4，说明菌株 NG2 具有更明显的生长优势。

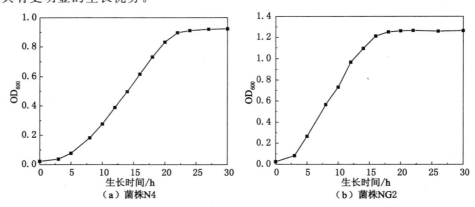

图 5.9　菌株的生长曲线

## 5.4.6　菌株 NG2 的鉴定结果

### 5.4.6.1　形态及特征

如图 5.10 所示，菌株 NG2 在专性培养基平板上培养 48 h 后，单个菌落颜色为橘红色不透明,表面湿润光滑微凸,质地较软。通过光学显微镜观察发现菌株 NG2 为革兰氏阳性菌,短杆状,常呈 V 字形生长,无芽孢,无鞭毛,无运动性,如图 5.11 所示。

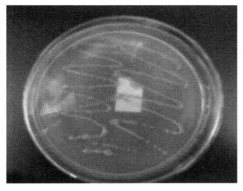
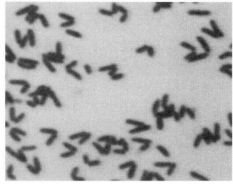

图 5.10　菌株 NG2 平板培养　　　　　图 5.11　菌株 NG2 革兰氏染色

### 5.4.6.2　生理生化特征

由表 5.5 中菌株 NG2 的部分生理生化特性研究结果所示,葡萄糖氧化发酵结果为发酵型。硝酸盐还原及亚硝酸盐还原均为阳性,即菌株能在缺氧条件下以硝酸盐或亚硝酸盐为电子受体,将其还原为 N₂,从而表现出反硝化功能。柠檬酸盐利用为阳性,表明菌株可利用柠檬酸盐等有机化合物作为碳源。甲基红试验、吲哚试验为阳性,V-P 测定、明胶液化均为阴性。

表 5.5　生理生化试验结果

| 项目 | NG2 |
| --- | :---: |
| 革兰氏染色 | + |
| 接触酶试验 | + |
| 氧化酶试验 | − |
| 糖醇发酵 | + |
| 葡萄糖氧化发酵 | F |
| 甲基红试验 | + |
| V-P 测定 | − |
| 硝酸盐还原 | + |
| 亚硝酸盐还原 | + |
| 明胶液化 | − |
| 柠檬酸盐利用 | + |
| 吲哚试验 | + |

### 5.4.6.3　16S rDNA 基因测序及发育树构建

以菌株 NG2 总 DNA 基因组为模板进行 PCR 扩增,以 1%琼脂糖凝胶检验扩增产物,菌株 NG2 的 PCR 扩增产物电泳条带处于 1 200～1 500 bp 之间,条带较为明亮、纯度较好,符合测序要求。将 PCR 扩增后的产物进行 16S rDNA 测定,获得一段长度为 1 389 bp 的 16S rDNA 基因序列,将序列用 BLAST 软件与 GenBank 中已发表的 16S rDNA 序列进行同源性比较,然后利用同源性在 95%以上的相关种属通过 MEGA5.1 软件构建发育树(图 5.12),发现菌株 NG2 (序列号:KC905050)与 *Gordonia terrae* AY771329、*Gordonia terrae* AY771333 及 *Gordonia terrae* AY771330 16S rDNA 基因序列的同源性均达到 100%,可将菌株 NG2 最终鉴定为戈登氏菌属(*Gordonia Terrae*)。据文献记载[59-60],反硝化聚磷菌结果多为气单胞菌属、莫拉氏菌属及假单胞菌属,而戈登氏菌属多用于处理石油废水[61-62],本试验发现的戈登氏菌属作为反硝化聚磷菌与之前所报道的常见菌属不同。

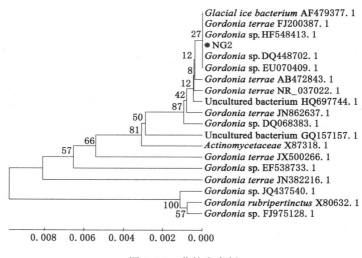

图 5.12　菌株发育树

# 5.5　反硝化聚磷菌菌剂制备及处理效果研究

## 5.5.1　反硝化聚磷菌菌剂制备工艺条件的优化

### 5.5.1.1　载体配比对菌剂处理效果的影响

在微生物菌剂制备过程中,做 6 组对比试验,加入 5 g 载体,载体中麦麸与玉米粉的质量比分别为 75：25、80：20、85：15、90：10、95：5、100：0,同时投菌量为 20 mL,加入 20 mL 牛肉膏蛋白胨培养液作为发酵液和 2 mL PAM 培养液的混合液(pH=6.5),发酵后在 30 ℃条件下烘干。菌剂制备完成后,通过检测不同载体配比制备的菌剂对人工配制废水中 TP 和 NO₃⁻-N 的去除率,确定最佳的载体配比[63-64]。不同载体配比制备的菌剂除磷脱氮效率见图 5.13。

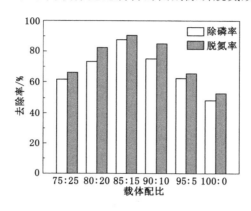

图 5.13　载体配比对菌剂处理效果的影响

结果表明:麦麸和玉米粉的比例会影响菌剂的降解效果。菌剂 TP 和 NO₃⁻-N 的去除率随麦麸在载体中所占质量分数的增多呈先上升后下降的趋势:当载体配比为 75：25 时,菌剂的 TP 去除率仅为 61.74%,NO₃⁻-N 去除率仅为 66.19%;当载体配比为 85：15 时,TP 和 NO₃⁻-N 去除率均达到最佳,分别为 87.62% 和 90.35%;而当麦麸在载体中所占质量分数继续增加时,TP 和 NO₃⁻-N 的去除率都有不同程度的降低,这说明麦麸和玉米粉的配比会影响物料的疏松度和菌体能够生长繁殖的面积进而影响菌剂成品的去除效果,适当的载体配比会使菌剂具有较高的去除效果。所以当投加 20 mL 发酵液和 2 mL PAM 培养液的混合液(pH=6.5),加入 5 g 载体所制成的微生物菌剂其最佳载体配比为 $W_{麦麸}：W_{玉米粉}=85：15$。

### 5.5.1.2　投菌量对菌剂处理效果的影响

在微生物菌剂制备过程中,做 6 组对比试验,投菌量分别为 0 mL、10 mL、20 mL、30 mL、40 mL、50 mL,同时加入 5 g 载体($W_{麦麸}：W_{玉米粉}=85：15$),加入 20 mL 牛肉膏蛋白胨培养液作为发酵液和 2 mL PAM 培养液的混合液(pH=6.5),发酵后在 30 ℃条件下烘干。菌剂制备完成后,通过检测不同投菌量制备的菌剂对人工配制废水中 TP 和 NO₃⁻-N 的去除率,确定最佳的投菌量。不同投菌量制备的菌剂除磷脱氮效率见图 5.14。

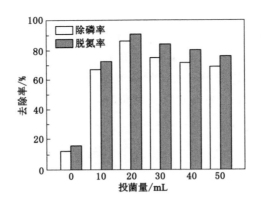

图 5.14　投菌量对菌剂处理效果的影响

结果表明:随着投菌量的增加,去除效率呈先增大后减小的趋势。不接种菌液的菌剂样品 TP 和 $NO_3^-$-N 去除率分别为 12.41% 和 15.76%,这说明虽然没有投加功能菌株,但由于无菌载体具有较大的比表面积,具有一定的吸附能力,所以对 TP 和 $NO_3^-$-N 有一定的去除效果。在投菌量为 20 mL 时,TP 和 $NO_3^-$-N的去除率均达到最佳,分别为 86.08% 和 90.25%。随着投菌量的继续增加,除磷率和脱氮率分别有不同程度的下降,在投菌量为 50 mL 时,除磷率和脱氮率仅为 68.99% 和 76.41%。投菌量过多和过少均会影响菌剂成品对氮、磷的去除效果,过少的投菌量会减少发酵液中的初生菌体,从而影响去除效果;过多的投菌量则会使有限的载体和发酵液不足以提供菌株生长所需的营养,同时造成不必要的浪费。因此,在投加 20 mL 发酵液和 2 mL PAM 培养液的混合液(pH=6.5),加入 5 g 载体($W_{麦麸}$：$W_{玉米粉}$=85：15)所制成的微生物菌剂其最佳投菌量为 20 mL。

### 5.5.1.3　发酵液用量对菌剂处理效果的影响

在微生物菌剂制备过程中,做 6 组对比试验,分别加入 5 mL、10 mL、15 mL、20 mL、25 mL、30 mL 牛肉膏蛋白胨培养液和 2 mL PAM 培养液的混合液(pH=6.5),同时投菌量为 20 mL,加入 5 g 载体($W_{麦麸}$：$W_{玉米粉}$=85：15),发酵后在 30 ℃ 条件下烘干。菌剂制备完成后,通过检测不同发酵液用量制备的菌剂对人工配制废水中 TP 和 $NO_3^-$-N 的去除率,确定最佳的发酵液用量。不同发酵液用量制备的菌剂除磷脱氮效率见图 5.15。

结果表明:发酵液用量过高或过低都将对菌剂处理效果产生影响。当加入发酵液的量为 20 mL 时,菌剂去除效果最好,TP 和 $NO_3^-$-N 去除率分别为 88.41% 和 91.26%。当发酵液用量为 5 mL 时,由于菌株营养物质的减少影响了菌株的降解效果,TP 和 $NO_3^-$-N 去除率仅为 46.73% 和 51.66%。适当提高

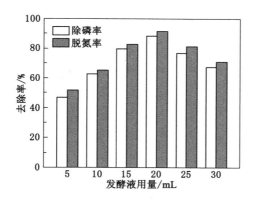

图 5.15　发酵液用量对菌剂处理效果的影响

发酵液用量可以提高菌体在载体上的生长繁殖能力,有助于提高氮、磷去除效果,但可以看出过多的发酵液用量却使菌剂处理效果下降,且过多的发酵液用量会增加生产成本,不利于微生物菌剂的工业化。因此,在投菌量 20 mL,混合液 pH 值为 6.5,加入 5 g 载体($W_{麦麸}$：$W_{玉米粉}$＝85：15)所制成的微生物菌剂其最佳发酵液用量为 20 mL。

### 5.5.1.4　发酵液的 pH 值对菌剂处理效果的影响

因为制备完成的菌剂其 pH 值无法测定,所以通过考察制作菌剂过程中加入的混合液的 pH 值对菌剂处理效果的影响确定制作菌剂的最佳 pH 值。

在微生物菌剂制备过程中,做 6 组对比试验,分别加入 20 mL 牛肉膏蛋白胨培养液和 2 mL PAM 培养液的混合液,控制 pH 值分别为 5.5、6.0、6.5、7.0、7.5、8.0,同时投菌为 20 mL,加入 5 g 载体($W_{麦麸}$：$W_{玉米粉}$＝85：15),发酵后在 30 ℃ 条件下烘干。菌剂制备完成后,通过检测不同 pH 值混合液制备的菌剂对人工配制废水中 TP 和 $NO_3^-$-N 的去除率,确定最佳 pH 值。不同 pH 值制备的菌剂除磷脱氮效率见图 5.16。结果表明:当 pH＜6.5 时,菌剂的除磷脱氮效率随着 pH 值的上升而提高,且 pH 值在这范围内对菌剂的除磷脱氮效率影响不大,但菌剂若长时间在过酸环境(pH＜6.5)内运行,会使反硝化聚磷菌株受酸的影响而发生细胞自溶现象,进而会降低除磷效率。当 pH＝6.5 时,除磷脱氮效率达到最佳,TP 和 $NO_3^-$-N 去除率分别为 87.94％和 90.17％。当 pH 值继续上升,菌剂的除磷脱氮效率开始出现不同程度的降低,当 pH＝8.0 时,除磷脱氮效率降至最低,TP 和 $NO_3^-$-N 去除率分别为 65.76％和 62.21％。因此,在投菌量为 20 mL,投加 20 mL 发酵液和 2 mL PAM 培养液的混合液和 5 g 载体($W_{麦麸}$：$W_{玉米粉}$＝85：15)所制成的微生物菌剂其最佳 pH 值为 6.5。

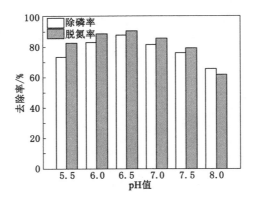

图 5.16　发酵液 pH 值对菌剂处理效果的影响

## 5.5.2　反硝化聚磷菌菌剂基本特性

　　制备成功的反硝化聚磷菌菌剂呈土黄色的固体粉末状,具有发酵物特有味道,通过平板计数法测得菌剂中含有的有效活菌数均 $10^8$ CFU/g 左右。菌剂可在常温 25 ℃±5 ℃条件下保存,避免阳光直射,使用时只需直接投加。反硝化聚磷菌菌剂实物如图 5.17 所示。

图 5.17　反硝化聚磷菌菌剂成品实物图

## 5.5.3　反硝化聚磷菌菌剂与活性污泥性能比较

　　分别取在最优工艺条件下制备的反硝化聚磷菌菌剂 1 g 和稳定阶段 A²-SBR 反应器中活性污泥 1 mL,在人工配水中 2 h 厌氧—12 h 缺氧条件下运行后检测对 TP 和 $NO_3^-$-N 的去除情况,从而比较二者对 TP 和 $NO_3^-$-N 的去除效能,其中菌剂和活性污泥中含有的有效活菌数通过平板计数法获得,试验结果见表 5.6。

表 5.6　反硝化聚磷菌菌剂与活性污泥去除性能比较

| 样品 | 数量 | 有效活菌数/CFU | 12 h 吸磷量/(mg/L) | 12 h NO₃³⁻-N 去除量/(mg/L) | 每 10⁹ 个有效活菌数 12 h 去除磷的量/(mg/L) | 每 10⁹ 个有效活菌数 12 h 去除 NO₃⁻-N 的量/(mg/L) |
|---|---|---|---|---|---|---|
| 微生物菌剂 | 1 g | $6.5 \times 10^8$ | 9.90 | 31.23 | 15.23 | 48.05 |
| 稳定阶段 A²-SBR 中活性污泥 | 1 mL | $4.9 \times 10^8$ | 8.61 | 25.22 | 17.57 | 51.47 |

结果表明:1 g 微生物菌剂 12 h 去除 TP 和 $NO_3^-$-N 的量均高于 1 mL A²-SBR反应器稳定运行阶段的活性污泥,活性污泥的处理效率远没有达到在反应器中的效果,分析原因是污泥浓度较低导致去除效果不好。通过检测二者有效活菌数也可以看出,菌剂与活性污泥每 $10^9$ 个有效活菌数 12 h 去除磷的量和去除 $NO_3^-$-N 的量基本相当,由此可见菌剂对于 TP 和 $NO_3^-$-N 的去除能力相当于经过驯化的活性污泥,说明反硝化聚磷菌菌剂制备成功[65-66]。

## 5.5.4　反硝化聚磷菌菌剂稳定性

反硝化聚磷菌菌剂与活性污泥相比,保存时间较长是其优势之一[67]。为了考察制备的微生物菌剂在 25 ℃±5 ℃条件下的保存时间,进行了菌剂稳定性试验,结果如图 5.18 所示。

由图可以看出反硝化聚磷菌菌剂在 25 ℃±5 ℃条件下可以保存 40 d 左右,该阶段内其对 TP 的去除率由 87.92% 下降到 78.04%,下降了 9.88 个百分点,对 $NO_3^-$-N 的去除率从 90.29% 降至 77.85%,下降了 12.44 个百分点。在保存至第 45 天开始 TP 和 $NO_3^-$-N 的去除率均有大幅下降,至第 60 天,TP 和 $NO_3^-$-N去除率分别降至 43.69% 和 44.15%。试验结果表明,菌剂储藏 40 d 还可以保持对 TP 和 $NO_3^-$-N 较高的去除效果,具有较好的稳定性,相对于活性污泥更适合保存,有利于工业化应用。

## 5.5.5　投加菌剂强化 SBR 反应器投菌量及处理效果研究

以活性污泥为基质,人工配制污水 COD 和 TP 平均浓度分别为 212.62 mg/L和 10.24 mg/L,缺氧阶段投加浓度为 35 mg/L 的硝态氮作为电子受体,对投加菌剂量分别为 0 g、0.5 g、1.0 g、1.5 g 和 2.0 g 的 5 个 SBR 系统进

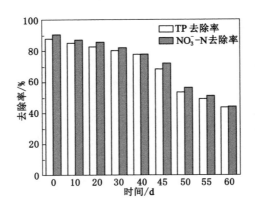

图 5.18　反硝化聚磷菌菌剂稳定性试验结果

行为期 30 d 的驯化，5 个反应器对 COD、TP 及 $NO_3^-$-N 的去除效果如图 5.19 所示。由图可知，菌剂投加量对于去除水体中的 TP 和 $NO_3^-$-N 具有一定的影响，但对 COD 的去除影响较小。未投加菌剂的 SBR 系统在前 20 d 内对 TP 的去除率具有较快的增长，但经过 30 d 驯化后 TP 去除率仍然较低，第 30 天的 TP 去除率仅达到 83.52％，但 COD 和 $NO_3^-$-N 的去除率则较高，分别达到了 94.23％和 88.48％，分析其原因是系统内存在较多的反硝化菌及非聚磷菌与 DPAOs 争夺碳源和电子受体，导致系统内的除磷效率较低而 COD 和 $NO_3^-$-N 的去除率较高。这种情况在投加菌剂的 4 个系统中未有明显表现，且 4 个反应器内 TP 及 $NO_3^-$-N 的去除率均高于未投加菌剂系统，说明菌剂的投加可以有效地免除系统内反硝化菌及其他非聚磷菌与 DPAOs 的竞争，菌剂在抑制反硝化菌生长的同时促进了 DPAOs 的繁殖，使其可以快速成为反应器内的优势菌。由图中投加菌剂的 4 个系统去除率可以看出，投加菌剂量为 0.5 g 的系统对 COD、TP 及 $NO_3^-$-N 去除率的增长幅度最小，分别在第 20 天、第 26 天和第 20 天对 COD、TP 及 $NO_3^-$-N 的去除率达到 90％以上，第 30 天的 COD、TP 及 $NO_3^-$-N 去除率分别达到 93.14％、90.87％及 95.95％。投加菌剂量为 1.0 g 的系统分别在第 18 天、第 20 天和第 18 天对 COD、TP 及 $NO_3^-$-N 的去除率达到 90％以上，第 30 天的 COD、TP 及 $NO_3^-$-N 去除率分别达到 92.72％、95.85％及 100％，相比于投加菌剂量为 0.5 g 的系统可以更快速地富集 DPAOs 并且达到较好的去除效果。当继续增加菌剂投加量时，可以看出 COD、TP 及 $NO_3^-$-N 的去除率相较于投加菌剂量为 1.0 g 的系统没有较高的提升，对于 DPAOs 富集的速度也只有小幅度的提高。因此当系统内进水约为 3 L 时投加 1.0 g 菌剂就可以快速富集 DPAOs 并使反应器具有较好的去除效果。

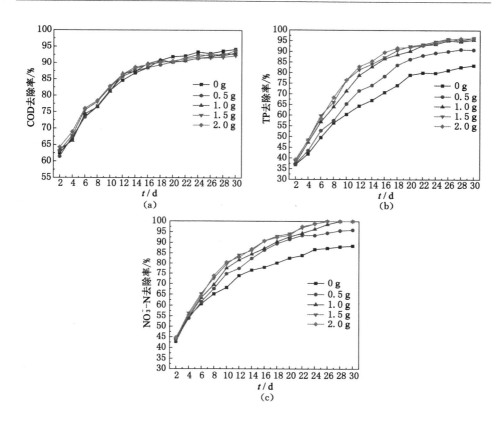

图 5.19　不同菌剂投加量对于 COD、TP 及 NO₃⁻-N 的去除效果

由图 5.20(a)、(c)可知,在 SBR 反应器厌氧-缺氧运行的第 2 天,菌剂投加量为 1.0 g 的系统和未投加菌剂系统均未表现出反硝化聚磷菌的除磷脱氮特性,反应运行结束后,COD 去除率分别为 63.51%、62.48%,TP 去除率分别为 37.62%、36.92%,NO₃⁻-N 去除率分别为 44.56%、42.76%。由图 5.20(b)、(d)可知,系统运行的第 30 天,菌剂投加量为 1.0 g 的系统表现出明显的反硝化聚磷菌的除污特性,其除磷率达到 95.58%,NO₃⁻-N 去除率达到 100%,而未投加菌剂系统的除磷为 83.52%,NO₃⁻-N 去除率为 88.48%,说明在外加菌剂的作用下,菌剂投加量为 1.0 g 的系统相较于未投加菌剂系统的 TP 和 NO₃⁻-N 去除率分别提高了 12.06 个百分点和 11.52 个百分点。

在第 30 天未投加菌剂系统和菌剂投加量为 1.0 g 的系统在厌氧阶段前后 COD 去除率分别为 76.30%、64.43%,这可能是因为未投加菌剂系统中因反应器内长期残留 NO₃⁻-N,致使反硝化细菌在厌氧阶段利用外碳源进行反硝化反

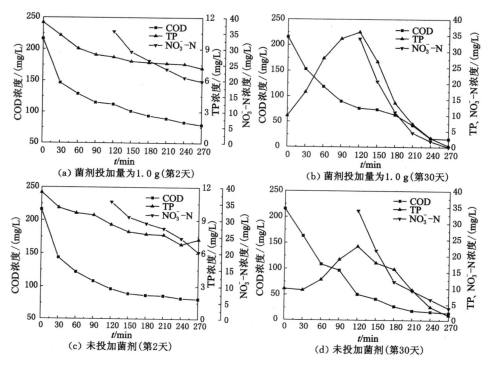

图 5.20　菌剂投加量为 1.0 g 系统及未投加菌剂系统在第 2 天一个周期内和
第 30 天一个周期内 COD、TP、$NO_3^-$-N 的浓度变化

应,因此厌氧阶段 COD 去除率较高,而菌剂投加量为 1.0 g 的系统中由于投加反硝化聚磷菌菌剂可以避免部分异养菌与反硝化聚磷菌在厌氧阶段对外碳源的竞争[68]。在缺氧阶段菌剂投加量为 1.0 g 的系统中 COD 的去除量仍然较高,这说明虽然反硝化聚磷菌在系统内得到引入和富集,但并没有完全抑制反硝化细菌的生长,并且投加的硝酸盐氮没有完全被反硝化聚磷菌运用除磷,仍有一部分被反硝化细菌利用进行了反硝化反应。经过 30 d 的驯化,两个系统显示出了反硝化聚磷菌的除污特性,菌剂投加量为 1.0 g 的系统中厌氧 120 min 结束后系统释磷量达到 26.19 mg/L,缺氧 150 min 结束后 TP 去除率达到 95.58%,但在未投加菌剂系统中厌氧 120 min 结束后 TP 浓度为 22.93 mg/L,释磷量仅为13.09 mg/L,TP 去除率也较低,仅达到 83.52%,分析其原因是系统内部长期存在反硝化菌与其他异养菌和 DPAOs 争夺能源物质和电子受体,使 DPAOs 不能成为系统内的优势菌而导致释磷、吸磷效率较低。

# 参 考 文 献

［1］ 丰茂武,吴云海.湖泊富营养化的防治对策与展望[J].江苏环境科技,2007,
　　　20(1):69-71.

［2］ DORGHAM M M. Effects of eutrophication[M]. Netherlands:Springer,2014.

［3］ 王桂芹,张东鸣,陈勇,等.水体富营养化的原因、危害及防治对策[J].吉林
　　　农业大学学报,2000,22(增刊 1):116-118.

［4］ WANG Z,MENG Y,FAN T,et al. Phosphorus removal and $N_2O$ production in
　　　anaerobic/anoxic denitrifying phosphorus removal process:long-term impact of
　　　influent phosphorus concentration [J]. Bioresource technology, 2015, 179:
　　　585-594.

［5］ 童昌华.水体富营养化发生原因分析及植物修复机理的研究[D].杭州:浙江
　　　大学,2004.

［6］ DE-BASHAN L E,BASHAN Y. Recent advances in removing phosphorus
　　　from wastewater and its future use as fertilizer (1997—2003)[J]. Water
　　　research,2004,38(19):4222-4246.

［7］ 孙雪涛,岳梦华.百余专家共同参与中国可持续发展水资源战略研究[J].中
　　　国水利,1999(3):6-7.

［8］ 张自杰.排水工程-下册[M].5 版.北京:中国建筑工业出版社,2015.

［9］ 李娜,黎佳茜,李国文,等.中国典型湖泊富营养化现状与区域性差异分析
　　　[J].水生生物学报,2018,42(4):854-864.

［10］ 王亚宜.浅议水体富营养化及污水生物脱氮除磷技术原理[J].世界科学,
　　　2012(5):46-48.

［11］ ARVIN E, JENKINS D. Biological removal of phosphorus from
　　　wastewater[J]. Critical reviews in environmental control,1985,15(1):
　　　25-64.

［12］ RITTMANN B E, MCCARTY P L. Environmental biotechnology:
　　　principles and applications[J]. Environmental biotechnology principles &
　　　applications,2014,14(9):1374-1378.

［13］ KUBA T,SMOLDERS G,VAN LOOSDRECHT M C M,et al. Biological
　　　phosphorus removal from wastewater by anaerobic-anoxic sequencing
　　　batch reactor[J]. Water science and technology,1993,27(5/6):241-252.

［14］ 吕小梅.反硝化除磷菌群结构与工艺调控策略[D].哈尔滨:哈尔滨工业大

学,2014.

[15] FUHS G W,CHEN M. Microbiological basis of phosphate removal in the activated sludge process for the treatment of wastewater[J]. Microbial ecology,1975,2(2):119-138.

[16] LÖTTER L H. The role of bacterial phosphate metabolism in enhanced phosphorus removal from the activated sludge process[J]. Water science and technology,1985,17(11/12):127-138.

[17] 石玉明. A²SBR 反硝化除磷工艺效能及微生物生理生态特征研究[D]. 哈尔滨:哈尔滨工业大学,2009.

[18] 罗宁,罗固源,许晓毅. 从细菌的生化特性看生物脱氮与生物除磷的关系[J]. 重庆环境科学,2003(5):33-35.

[19] 周康群,刘晖,孙彦富,等. 反硝化聚磷菌的 SBR 反应器中微生物种群与浓度变化[J]. 中南大学学报(自然科学版),2008,39(4):705-711.

[20] 甘丽华,吴昊,郭树凡. 生物强化技术在环境治理中的应用[J]. 中国环保产业,2005(5):37-39.

[21] 陈瑛. 论生物强化技术在污水处理中的应用[J]. 环境与发展,2011,23(11):185.

[22] 杨艳红,王伯初,时兰春,等. 复合微生物制剂的综合利用研究进展[J]. 重庆大学学报(自然科学版),2003,26(6):81-85.

[23] 熊贵琍,陈瑾,叶文衍. 生物强化技术及其在水污染治理中的应用[J]. 环境科学与管理,2013,38(4):82-86.

[24] 全向春,刘佐才,范广裕,等. 生物强化技术及其在废水治理中的应用[J]. 环境科学研究,1999,12(3):22-27.

[25] 刘洋,陈双基,刘建国. 生物强化技术在废水处理中的应用[J]. 环境污染治理技术与设备,2002,3(5):36-40.

[26] SELVARATNAM S,SCHOEDELB A,MCFARLAND B L,et al. Application of the polymerase chain reaction (PCR) and reverse transcriptase/PCR for determining the fate of phenol-degrading *Pseudomonas putida* ATCC 11172 in a bioaugmented sequencing batch reactor [J]. Applied microbiology and biotechnology,1997,47(3):236-240.

[27] 刘双发,安德荣,张勤福,等. 新型微生物菌剂在生活污水处理中的应用研究[J]. 环境工程学报,2008,2(9):1177-1180.

[28] 赵立军,马放,赵庆建,等. 生物强化技术在污水厂快速启动中的工程应用[J]. 哈尔滨工业大学学报,2007,39(12):1886-1889.

［29］李久安，周后珍，刘庆华，等. 废水生物强化处理技术研究进展［J］. 应用与环境生物学报，2011，17(2)：273-279.

［30］刘静，李微，傅金祥，等. 短程反硝化聚磷菌快速驯化对比研究［J］. 环境污染与防治，2017，39(6)：598-603.

［31］国家环境保护总局《水和废水监测分析方法》编委会. 水和废水监测分析方法(第四版)［M］. 北京：中国环境科学出版社，2002.

［32］LIU H，WANG Q，SUN Y F，et al. Isolation of a non-fermentative bacterium，*Pseudomonas aeruginosa*，using intracellular carbon for denitrification and phosphorus-accumulation and relevant metabolic mechanisms［J］. Bioresource technology，2016，211：6-15.

［33］李微. 短程反硝化除磷脱氮工艺与微生物特性研究［D］. 沈阳：东北大学，2013.

［34］樊晓梅. 反硝化聚磷菌吸磷能力和生长特性研究［J］. 沈阳建筑大学学报(自然科学版)，2017，33(1)：119-126.

［35］余鸿婷，李敏. 反硝化聚磷菌的脱氮除磷机制及其在废水处理中的应用［J］. 微生物学报，2015，55(3)：264-272.

［36］YUAN Q Y，OLESZKIEWICZ J. Selection and enrichment of denitrifying phosphorus accumulating organisms in activated sludge［J］. Desalination and water treatment，2010，22(1/2/3)：72-77.

［37］聂毅磊，贾纬，曾艳兵，等. 两株好氧反硝化聚磷菌的筛选、鉴定及水质净化研究［J］. 生物技术通报，2017，33(3)：116-121.

［38］东秀珠，蔡妙英，等. 常见细菌系统鉴定手册［M］. 北京：科学出版社，2001.

［39］SIN G，NIVILLE K，BACHIS G，et al. Nitrite effect on the phosphorus uptake activity of phosphate accumulating organisms (PAO) in pilot-scale SBR and MBR reactors［J］. Proceedings of the water environment federation，2008，34(2)：17-38.

［40］YOSHIDA Y，KIM Y，SAITO T，et al. Development of the modified activated sludge model describing nitrite inhibition of aerobic phosphate uptake［J］. Water science and technology：a journal of the international association on water pollution research，2009，59(4)：621-630.

［41］GUISASOLA A，QURIE M，VARGAS M D M，et al. Failure of an enriched nitrite-DPAO population to use nitrate as an electron acceptor［J］. Process biochemistry，2009，44(7)：689-695.

［42］豆俊峰，罗固源，刘翔. 生物除磷过程厌氧释磷的代谢机理及其动力学分析

[J]. 环境科学学报,2005,25(9):1164-1169.

[43] 王亚宜. 反硝化除磷脱氮机理及工艺研究[D]. 哈尔滨:哈尔滨工业大学,2004.

[44] OEHMEN A,LEMOS P C,CARVALHO G,et al. Advances in enhanced biological phosphorus removal:from micro to macro scale[J]. Water research,2007,41(11):2271-2300.

[45] CHUA A S M,TAKABATAKE H,SATOH H,et al. Production of polyhydroxyalkanoates(PHA) by activated sludge treating municipal wastewater:effect of pH,sludge retention time (SRT), and acetate concentration in influent[J]. Water research,2003,37(15):3602-3611.

[46] 杨瑞丰. 以硝氮为主要氮源反硝化除磷细菌的驯化及影响因素研究[D]. 大连:大连理工大学,2015.

[47] 鲍林林. 反硝化聚磷菌特性与反硝化除磷工艺研究[D]. 哈尔滨:哈尔滨工业大学,2008.

[48] BOND P L,KELLER J,BLACKALL L L. Anaerobic phosphate release from activated sludge with enhanced biological phosphorus removal. A possible mechanism of intracellular pH control[J]. Biotechnology and bioengineering,1999,63(5):507-515.

[49] 姜欣欣. A$^2$SBR 反硝化除磷系统的试验研究[D]. 哈尔滨:哈尔滨工业大学,2007.

[50] MA J,PENG Y Z,WANG S Y,et al. Denitrifying phosphorus removal in a step-feed CAST with alternating anoxic-oxic operational strategy[J]. Journal of environmental sciences,2009,21(9):1169-1174.

[51] WANG Y Y,ZHOU S,WANG H,et al. Comparison of endogenous metabolism during long-term anaerobic starvation of nitrite/nitrate cultivated denitrifying phosphorus removal sludges[J]. Water research,2015,68:374-386.

[52] LI C,ZHANG J,LIANG S,et al. Nitrous oxide generation in denitrifying phosphorus removal process:main causes and control measures [J]. Environmental science and pollution research international,2013,20(8):5353-5360.

[53] 夏雪. 反硝化除磷系统中碳源对除磷效果及菌群结构的影响研究[D]. 哈尔滨:哈尔滨工业大学,2013.

[54] SIN G,KAELIN D,KAMPSCHREUR M J,et al. Modelling nitrite in

wastewater treatment systems: a discussion of different modelling concepts[J]. Water science and technology,2008,58(6):1155-1171.

[55] 孙玲.反硝化聚磷菌诱变育种及其生物学特性研究[D].徐州:中国矿业大学,2017.

[56] BARAK Y, VAN RIJN J. Relationship between nitrite reduction and active phosphate uptake in the phosphate-accumulating denitrifier *Pseudomonas* sp. strain JR 12[J]. Applied and environmental microbiology, 2000, 66 (12): 5236-5240.

[57] 崔丽虹.石油烃降解菌的筛选、鉴定及复合菌群降解效果的研究[D].北京:中国农业科学院,2009.

[58] 张倩,王弘宇,桑稳姣,等.1 株反硝化除磷菌的鉴定及其反硝化功能基因研究[J].环境科学,2013,34(7):2876-2881.

[59] 李慧,刘丹丹,陈文清.反硝化聚磷菌的筛选及脱氮除磷特性[J].环境工程,2016,34(4):25-28.

[60] 付瑞敏,李彬,薛婷婷,等.一株耐盐石油降解菌的鉴定及低能 N⁺注入诱变[J].环境科学与技术,2016,39(4):41-46.

[61] 马梅荣,陈雷,宣世伟,等.XM 固态菌剂载体选择的初步研究[J].哈尔滨工业大学学报,2005,37(2):259-261.

[62] 郭健,汪佳秀,王国林,等.降解氯嘧磺隆微生物菌剂的制备及稳定性研究[J].安全与环境学报,2012,12(5):34-37.

[63] 叶峰,张丽丽,吴石金,等.降解三苯类复合微生物菌剂的制备及性能[J].中国环境科学,2009,29(3):300-305.

[64] 蔡勋江.微生物菌剂用于污水处理与污泥减量的研究[D].广州:华南理工大学,2009.

[65] 陈晶,陈萍,邓文,等.反硝化聚磷菌 B8 干粉菌剂的制备及应用[J].环境化学,2017,36(5):1148-1155.

[66] 陈晶,周新程,陈萍,等.投菌强化序批式反应器(SBR)脱氮除磷效果及微生物种属分析[J].环境化学,2016,35(10):2183-2190.

[67] 叶峰.降解 BTX 的复合微生物菌剂制备及高效降解菌的研究[D].杭州:浙江工业大学,2009.

[68] YU H T,LI M. Denitrifying and phosphorus accumulating mechanisms of denitrifying phosphorus accumulating organisms ( DPAOs ) for wastewater treatment:a review[J]. Acta microbiologica sinica,2015,55 (3):264-272.

# 第6章 铁碳微电解颗粒优化 SBR 反硝化除磷研究

铁碳微电解利用电化学腐蚀原理和一系列协同作用包括絮凝沉淀、络合反应以及物理吸附等来去除污水中的污染物质[1-2]。这一技术的阳极材料主要以机械生产加工过程中产生的废铁屑为主,阴极为价格低廉的活性炭,其反应机理示意图如图 6.1 所示。

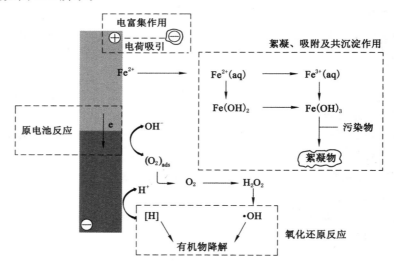

图 6.1 铁碳微电解机理示意图

(1)原电池反应。

生活污水作为电解质溶液,废旧铁屑与活性炭在电解质溶液中形成大量微小原电池,发生原电池反应。电极反应如下式:

阳极(Fe):

$$Fe-2e \longrightarrow Fe^{2+}, E(Fe^{2+}/Fe)=-0.44 \text{ V} \tag{6.1}$$

$$\text{Fe}^{2+} - e \longrightarrow \text{Fe}^{3+}, E(\text{Fe}^{3+}/\text{Fe}^{2+}) = 0.77 \text{ V} \tag{6.2}$$

阴极(C)：

$$2\text{H}^+ + 2e \longrightarrow 2[\text{H}]/\text{H}_2, E(\text{H}^+/\text{H}_2) = 0 \text{ V} \tag{6.3}$$

当有 $O_2$ 存在时：

酸性条件下阴极：

$$O_2 + 4\text{H}^+ + 4e \longrightarrow 2\text{H}_2\text{O}, E(O_2) = 1.23 \text{ V} \tag{6.4}$$

中性或碱性条件下阴极：

$$O_2 + 2\text{H}_2\text{O} + 4e \longrightarrow 4\text{OH}^-, E(O_2/\text{OH}^-) = 0.41 \text{ V} \tag{6.5}$$

由反应式可知，当有 $O_2$ 存在时原电池电极反应能力增强，同时在酸性条件下两电极的电势差相差较大，即在酸性条件下反应更为激烈，对污水处理效果更好。

（2）氧化还原反应。

铁在原电池的阳极被氧化成具有强还原性的 $\text{Fe}^{2+}$，$\text{Fe}^{2+}$ 能够还原污水中如硝基-$NO_2$ 和亚硝基-$NO$ 等有机物，降低污水色度，提高其可生化性。新生态 $[\text{H}]$ 也具有较高的化学活性，能够发生氧化还原反应，使污染物结构被破坏得以有效降解和去除。

（3）絮凝、吸附及共沉淀作用。

原电池反应产生的 $\text{Fe}^{2+}$ 能够被氧化成 $\text{Fe}^{3+}$，$\text{Fe}^{2+}$、$\text{Fe}^{3+}$ 是良好的絮凝剂，在污水中形成具有强吸附能力的 $\text{Fe(OH)}_2$ 和 $\text{Fe(OH)}_3$，其吸附能力高于常规含铁药剂水解所得到的铁的氢氧化物。$\text{Fe}^{2+}$、$\text{Fe}^{3+}$ 还与污水中一些无机物反应生成沉淀物质，以化学沉淀方式去除这些无机污染物，如与 $\text{PO}_4^{3-}$ 生成 $\text{Fe}_3(\text{PO}_4)_2$、$\text{FePO}_4$ 等，实现污水除磷。

（4）电富集作用。

铁碳微电解原电池的两个电极之间存在电场，污水中存在的极性分子、胶体粒子和细小的污染物会受电场影响向带有相反电荷的那一电极方向移动，即电泳现象，移动到电极附近后会发生聚集，在形成大的颗粒后下沉。

20 世纪 60 年代铁碳微电解技术开始进入人们视线，由于铁碳微电解电极材料存在板结、钝化等问题，使其工业化进程受阻[3]，直到 70 年代苏联的研究者将铁碳微电解技术用于对印染废水的处理中并得到较好的效果，自此之后该技术被广泛研究并应用到各类废水处理中[4]。我国开始该领域研究是在 20 世纪 80 年代，微电解技术因操作方便、工艺简单、成本低和处理效果好等特点受到广泛关注，也应用到了越来越多的污废水，如印染废水、制药废水、焦化废水、电镀废水以及其他污废水处理过程中。铁碳微电解技术实现了废弃物的资源化利用[5-6]，是水处理领域中最具潜力的环境友好型技术。

铁碳微电解技术具有多重优点，如能够使废水脱色，去除有机污染物，提高污水的可生化性,减轻后续水处理构筑物负担,为生物处理创造了条件等,被应用到多种污废水处理研究当中。

目前对于铁碳微电解的试验研究较多,但在实际工程中的应用还比较少,因为铁碳微电解技术在水处理应用过程中还存在诸多问题:首先,传统的铁碳微电解技术通常只是将废铁屑和活性炭等主要材料进行简单的物理混合,在处理污水过程中废水的不断冲刷下容易发生电极分离,使得污水处理效果不稳定,又因为废铁屑等原材料非单一物质组成,难以确定各组分含量及其对处理效果的影响。其次,在长时间的水处理运行过程中,作为原电池阳极的铁元素被消耗,微电解颗粒粒径变小,孔隙度也会降低,再加上污泥的影响,容易被压实发生板结现象,在微电解颗粒表面形成沟流。同时铁在水中容易被氧化生成氧化铁覆盖在颗粒表面形成一层钝化膜,降低或阻断了微电解颗粒与污水的接触面积,发生钝化现象。大量微电解颗粒堆积在一起,表面的铁锈不能及时剥离,反应器长时间运行可能会板结成一个整体,严重影响污水处理效果。同时铁碳微电解颗粒受原电池反应的影响,在酸性条件下微电解反应速率高,对污染物的去除效果好,而在中性或碱性条件下,电化学反应的电势差会明显减小,导致微电解反应速度降低,同时反应生成的氢氧化铁还会吸附细小颗粒形成絮凝物,容易造成反应器堵塞,pH 的适用范围窄也是铁碳微电解颗粒应用受阻的主要原因之一。

为解决微电解颗粒容易板结、钝化等问题,本书采用海绵铁作为阳极材料。海绵铁比表面积大、表面能高,具有良好的理化性质,能够更好地发挥零价铁的作用,抗板结性能和再生效果好,与粉末活性炭制备成规则的颗粒形状,同时添加复合金属催化剂提高电位差,拓宽 pH 值适用范围,将铁碳微电解颗粒与微生物结合,为污水脱氮除磷拓展新思路。

# 6.1　铁碳微电解颗粒制备

铁碳微电解技术因其操作简单方便、处理效果良好受到广泛关注并被应用到各类污水处理中,也为低温污水脱氮除磷提供了思路。传统铁碳微电解技术常以铁屑、铁刨花作为阳极材料,活性炭、石墨等为阴极材料,随着研究的深入和技术的发展,传统铁碳微电解颗粒存在的问题逐步显露,如铁碳容易分离、容易沉底、与污水接触面积小、回收比较困难,同时容易发生板结、钝化等现象[7]使微电解技术的应用受到限制,因此,制备一种新型的铁碳微电解规整颗粒是必要的。本章试验采用海绵铁和粉末活性炭作为电极材料,添加复合金属催化剂、添加剂、黏合剂等按照一定比例制成新型规整铁碳微电解颗粒,改善传统铁碳微电解技术存在的问题,以低温生活污水为研究对象,考察微电解颗粒对污水的处理能力,确定铁碳微电解颗粒的最佳配比。

## 6.1.1　铁碳微电解颗粒制备

微电解颗粒由人工制作完成,首先对购买的海绵铁进行处理,将海绵铁放入 10% 的氢氧化钠溶液中浸泡 2 h 去除海绵铁表面可能附着的油污,再放入稀盐酸中浸泡 1 h 除去海绵铁表面的氧化物,最后用蒸馏水清洗至中性,真空烘干备用[8]。准确称取一定质量的活性炭粉末,与复合金属催化剂粉末(Ni、Mn、Ti、Co)、致孔剂(碳酸铵)、添加剂(Cu、水泥)等混合均匀,加入处理好备用的海绵铁继续搅拌均匀。向聚氨酯中依次加入质量百分比为 0.24% 的 N,N-亚甲基双丙烯酰胺和 1.5% 的过硫酸钾,并迅速搅拌均匀至药剂全部溶解于聚氨酯中[9],分多次倒入搅拌好的微电解材料中,将铁碳等材料搓成小球颗粒,置于陶瓷坩埚中,表面铺洒活性炭粉末,放入真空干燥烘箱中,使其在无氧条件下于 100 ℃烘干 60～90 min。铁碳微电解颗粒制备流程如图 6.2 所示。

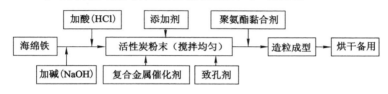

图 6.2　微电解颗粒制备流程图

## 6.1.2　制备条件单因素试验

微电解颗粒组分确定采用单因素分析的方法,用于处理模拟生活污水,采用静态试验装置,以氮、磷和有机物的处理效果为指标,考察铁碳比、铁碳占比、聚氨酯含固量和复合金属催化剂添加量等对污水处理效果的影响,确定铁碳微电解颗粒的最佳配比。

### 6.1.2.1　填料铁碳比对填料性能的影响

海绵铁自身含有一定量的杂质碳,但其含量较少,可形成的原电池数量有限,通过向海绵铁中投加活性炭的方式,加大反应体系中原电池的数量,强化对氮、磷和有机污染物的去除效果。但当微电解颗粒中炭粉含量过多时,会对电极反应产生抑制,表现出更多的是活性炭对污染物的吸附作用[10]。因此,铁碳微电解颗粒中铁碳比有一个最为合适的值,使微电解颗粒发挥最大作用。为确定海绵铁与活性炭的最佳比值,查阅相关文献,根据前人的研究经验,拟定试验铁碳比为 1:1,2:1,3:1,4:1,5:1,6:1 的 6 个试验组,按表 6.1 各组分含量的试验方案制备。制备颗粒粒径范围控制在 0.5～1.5 cm,添加剂中包含 1 g Cu、0.5 g 水泥,黏合剂选用含固量 10% 的水性聚氨酯,制成铁碳微电解颗粒,放入振荡培养箱中对污水进行处理,反应 3 h 后,取上清液进行水质检测分析,图 6.3 是不同铁碳比条件下各水质指标参数的变化。

表 6.1　各材料质量配比

| 铁碳质量比 | 海绵铁 | 活性炭 | 致孔剂 | 添加剂 | 复合催化剂 |
| --- | --- | --- | --- | --- | --- |
| 1∶1 | 9 g | 9 g | 0.2 g | 1.5 g | 0.3 g |
| 2∶1 | 12 g | 6 g | 0.2 g | 1.5 g | 0.3 g |
| 3∶1 | 13.5 g | 4.5 g | 0.2 g | 1.5 g | 0.3 g |
| 4∶1 | 14.4 g | 3.6 g | 0.2 g | 1.5 g | 0.3 g |
| 5∶1 | 15 g | 3 g | 0.2 g | 1.5 g | 0.3 g |
| 6∶1 | 15.42 g | 2.57 g | 0.2 g | 1.5 g | 0.3 g |

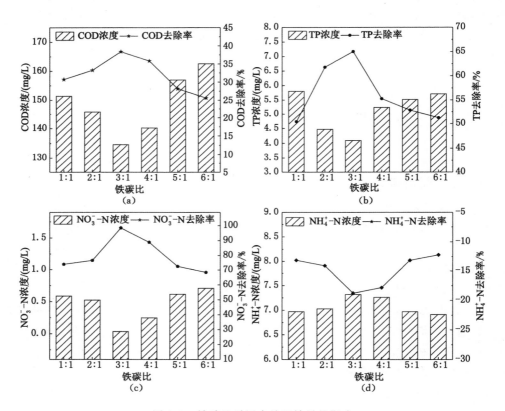

图 6.3　铁碳比对污水处理效果的影响

由图 6.3 所示,COD、TP、$NO_3^-$-N 的去除率随铁碳比由 1∶1 增加至 3∶1 逐渐提高,$NH_4^+$-N 呈现相反趋势,在铁碳比为 3∶1 时,COD、TP 和 $NO_3^-$-N 的

去除率分别为 38.39%、65.05% 和 98.49%。而当铁碳比继续增加时各个水质参数的去除率反而下降，$NH_4^+$-N 的出水浓度受 $NO_3^-$-N 与铁碳微电解颗粒反应影响相比配水浓度始终有所增加。由试验结果可知铁碳比过大或过小对污水处理效果都不利，在原电池反应中海绵铁虽然属于阳极消耗材料，但当微电解颗粒中铁含量较高时，对污水处理效果反而下降，主要是因为缺少足够能与之形成原电池的阴极材料，同时铁增加到一定程度后还会压缩铁碳之间的距离，影响处理效果，增加污水处理成本。而当海绵铁含量较低、活性炭含量相对较高时，同样会影响原电池电极反应，此外还会将污染物吸附到微电解颗粒表面，但不能将其降解，阻碍了污染物与微电解颗粒之间发生有效反应，堵塞了颗粒内部与外部之间的空隙，形成板结、钝化等现象，使污水处理效果降低[11]。在应迪文的研究中铁碳比为 3∶3 时处理效果最佳，与本试验相似的是继续增加铁含量时，处理效果没有提升[12]。曹飞在研究中发现铁碳比为 4.67∶1 时达到系统最佳处理效果。铁碳比例的不同与试验材料的选用、铁碳微电解颗粒的制备方法以及试验条件相关[11]。从试验结果和经济因素方面考虑，本试验铁碳比为 3∶1 时形成大量微小原电池，是一个合适的比例，后续采用铁碳比为 3∶1 进行试验。

### 6.1.2.2　催化剂添加量对颗粒性能的影响

铁碳微电解颗粒在水中与污染物接触，形成大量铁碳原电池，有研究提出采用复合金属催化剂对微电解颗粒的催化作用效果更佳[13]。在铁碳微电解颗粒的成分中添加复合催化剂，微电解颗粒内形成不同的电位差，电子转移途径增多，微电解的反应速率被大大提高，保证其在中性和碱性条件下的电解速率，也可解决微电解颗粒表面容易被氧化发生钝化的问题，提高使用寿命。为研究微电解颗粒中催化剂添加量对污水处理效果的影响，试验拟定催化剂添加量为 0 g、0.15 g、0.3 g、0.5 g、0.7 g 和 1 g。表 6.2 所列出的为各材料组分质量配比，按照表中数据分别制备微电解颗粒，将 6 种不同配比的微电解颗粒各 5 g 投加到 200 mL 污水中，振荡 3 h 后取上清液进行检测分析。

**表 6.2　各组分材料质量配比**

| 海绵铁 | 活性炭 | 致孔剂 | 复合催化剂 | 添加剂 |
| --- | --- | --- | --- | --- |
| 13.5 g | 4.5 g | 0.2 g | 0 g | 0.8 g |
| 13.5 g | 4.5 g | 0.2 g | 0.15 g | 0.8 g |
| 13.5 g | 4.5 g | 0.2 g | 0.3 g | 0.8 g |
| 13.5 g | 4.5 g | 0.2 g | 0.5 g | 0.8 g |
| 13.5 g | 4.5 g | 0.2 g | 0.7 g | 0.8 g |
| 13.5 g | 4.5 g | 0.2 g | 1 g | 0.8 g |

试验结果如图 6.4 所示，随着催化剂添加量由 0 g 增加到 0.5 g 时，COD、TP 和 $NO_3^-$-N 的去除率都呈现上升趋势，$NH_4^+$-N 变化与之相反，在催化剂组分含量为 0.5 g，占总质量的 2.56% 时，达到最佳处理效果，COD 去除率达到 37.76%，TP 去除率为 57.58%，$NO_3^-$-N 的去除率为 98.87%。随着催化剂添加量的继续增加，污水处理效果变差，添加量为 1 g 时，COD、TP 和 $NO_3^-$-N 的去除率分别降低了 13.49 个百分点、11.11 个百分点和 14.98 个百分点。催化剂与铁碳微电解中的铁碳形成多元金属的催化体系，使微电解颗粒处理性能得到改善。在曹飞的试验研究中以过渡金属元素钴作为催化剂[11]，与本试验结论相似的是偏低或过高的催化剂添加量都会使污水处理效果下降，而最佳添加量的不同与处理污水水质和颗粒制备方法相关。当催化剂添加量较少时，在反应体系没有形成足够的电势差，微电解反应速率提高不充分；当催化剂含量超过 0.5 g 时，污水处理效果反而降低，分析认为当催化剂添加量为 0.5 g 时，微电解体系中需要的催化剂含量达到饱和点，催化剂添加量过多不仅不会继续提高反应速率，还可能会压缩铁碳间距影响电极反应发生，同时金属催化剂含量过多容

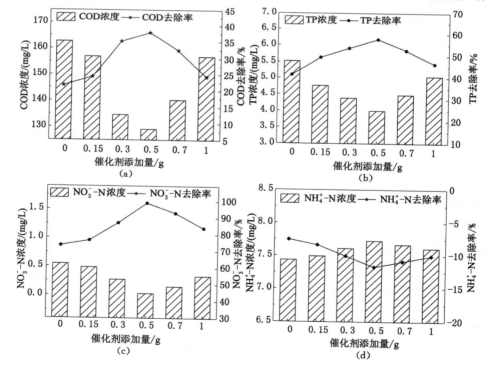

图 6.4　催化剂添加量对污水处理效果的影响

易发生聚集,催化剂与铁碳的有效接触面积减少导致催化效率降低[10],此外还会增加颗粒的制备成本。因此本试验选取催化剂添加量为 0.5 g。

### 6.1.2.3　致孔剂添加量对颗粒性能的影响

致孔剂在高温烘干过程中会受热分解生成气体,使颗粒内部形成大量空隙,提高颗粒的孔隙率,使污水与颗粒能有更大的面积接触。有研究[14]选用碳酸铵、氯化铵、硝酸铜和硫酸锰 4 种物质作为致孔剂时发现碳酸铵对污水处理效果起到了提升作用,其他 3 种致孔剂反而导致了污染物去除率的下降,故本试验选用碳酸铵作为致孔剂。为研究致孔剂添加量对污水处理效果的影响,拟定致孔剂的添加量为 0 g、0.2 g、0.5 g、0.8 g 和 1.0 g。表 6.3 为各组分材料的质量配比,依照表 6.3 中所列分别制备微电解颗粒,将 5 种不同致孔剂含量的微电解颗粒分别投加到污水中进行试验,振荡 3 h 后静置取上清液进行检测分析。

表 6.3　各组分材料质量配比

| 海绵铁 | 活性炭 | 致孔剂 | 添加剂 | 复合催化剂 |
| --- | --- | --- | --- | --- |
| 13.5 g | 4.5 g | 0 g | 0.8 g | 0.5 g |
| 13.5 g | 4.5 g | 0.2 g | 0.8 g | 0.5 g |
| 13.5 g | 4.5 g | 0.5 g | 0.8 g | 0.5 g |
| 13.5 g | 4.5 g | 0.8 g | 0.8 g | 0.5 g |
| 13.5 g | 4.5 g | 1.0 g | 0.8 g | 0.5 g |

试验结果如图 6.5 所示,致孔剂的添加量在一定范围内对污水处理效果有提升作用:在未添加致孔剂时,COD、TP 和 $NO_3^- \text{-N}$ 的去除率分别只有24.78%、50.50%和64.33%;当致孔剂添加量达到 0.5 g,占总质量的 2.44%时,污水处理效果达到最佳,COD、TP 和 $NO_3^- \text{-N}$ 去除率分别增加到了 35.06%、61.39%和98.98%;当在颗粒中加入的致孔剂含量超过 0.5 g 时,污水中污染物的去除率反而有所下降,致孔剂添加量为 1.0 g 时,COD、TP 和 $NO_3^- \text{-N}$ 的去除率相比添加量为 0.5 g 时分别降低了 8.09 个百分点、2.97 个百分点和 28.69 个百分点。尹美兰在试验研究中提到在选用羧甲基纤维素钠作为微电解颗粒的致孔剂时,致孔剂的最佳含量为 3%,与本试验中致孔剂含量结果相近[15]。分析认为当致孔剂添加量不足时,微电解颗粒内部孔隙率相对较低,污水与颗粒没有达到最大接触面积,污水处理效果还有提升空间;而当添加了过多的致孔剂时,微电解颗粒在烘干的过程中形成的空隙过多,颗粒内部发生氧化情况,影响了污水处理效果。

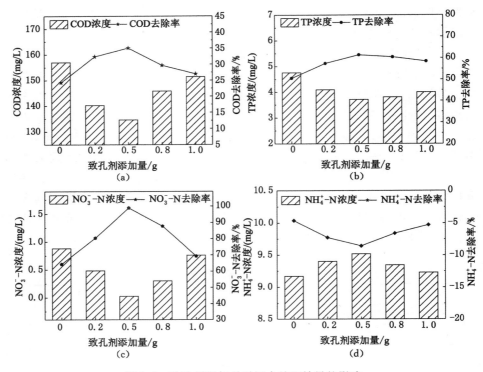

图 6.5　致孔剂添加量对污水处理效果的影响

#### 6.1.2.4　水性聚氨酯含固量对颗粒性能的影响

铁碳微电解颗粒的制备选择水性聚氨酯作为黏合剂。水性聚氨酯是具有三维网络结构的聚合物，能够在水中大量吸收水分后溶胀，并在溶胀之后能够继续保持其原有结构而不被溶解，还具有无毒无污染、节省能源、使用方便等诸多优点，作为微生物包埋材料已被逐渐应用于污水处理领域中。许多研究选取膨润土作为黏合剂，其添加比例较高会使微电解颗粒中无效成分增多[11]。黏合剂关系到颗粒的黏合性能和机械性能，为探究聚氨酯含固量对颗粒性能的影响，在铁碳比为 3∶1 条件下，分别制备含固量为 40%、30%、20%、10% 和 5% 的聚氨酯进行试验。

试验结果如图 6.6 所示，随着聚氨酯含固量的降低，微电解颗粒对污水的处理效果呈现先明显上升后下降的趋势，当聚氨酯含固量为 10%，固体质量占颗粒总质量的 2.8% 时，污水处理效果最佳，COD、TP、$NO_3^-$-N 去除率分别为 36.77%、52.81%、99.14%。分析认为聚氨酯含固量过高，黏性过大，造成微电解颗粒硬度过高，相对活性组分较少，使得铁碳微电解不能充分发挥作用，同时，表面过多的聚氨酯在振荡过程中部分会溶解到水中,对污水处理效果造成不利影响[16]。当水性聚氨酯含固量降低到 5％时,污水处理效果较其为 10％时明显降低,可能是因为聚氨酯含固量过低,造成颗粒结构强度不足,在试验进行振荡过程中个别微电解颗粒表面出现部分松散现象,使得部分微电解颗粒的制备材料分散在水中,降低了污水处理效果。最终选取聚氨酯含固量为 10％作为最佳条件进行后续试验。

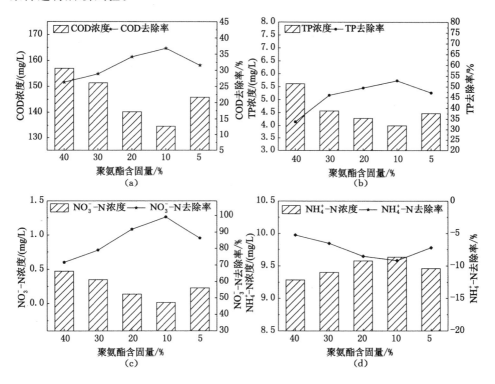

图 6.6 聚氨酯含固量对污水处理效果的影响

### 6.1.2.5 铁碳占比对填料性能的影响

在铁碳微电解处理污水的过程中,催化剂、添加剂等组分对提高处理效果有至关重要的作用,但在降解污染物质时发挥主要作用的成分是海绵铁和活性炭。为确定海绵铁和活性炭在铁碳微电解颗粒中所占的最佳比例,控制铁碳比为3∶1,按表 6.4 各组分含量的试验方案分别制备铁碳含量占微电解材料总质量比例分别为 60％、70％、80％、90％、95％的微电解颗粒。与之前制作检测分析试样一样,将微电解颗粒制成粒径在 0.5～1.5 cm 的球形颗粒,在 200 mL 污水中投加 5 g,振荡培养箱中反应 3 h,静置 30 min 后取上清液检测分析。

表 6.4　各类材料质量配比

| 铁碳占比 | 海绵铁 | 活性炭 | 致孔剂 | 添加剂 | 复合催化剂 |
|---|---|---|---|---|---|
| 60% | 9 g | 3 g | 0.8 g | 6 g | 1.2 g |
| 70% | 10.5 g | 3.5 g | 0.6 g | 4.5 g | 0.9 g |
| 80% | 12 g | 4 g | 0.4 g | 3 g | 0.6 g |
| 90% | 13.5 g | 4.5 g | 0.2 g | 1.5 g | 0.3 g |
| 95% | 14.25 g | 4.75 g | 0.1 g | 0.75 g | 0.15 g |

　　试验结果如图 6.7 所示,污水处理效果随着铁碳含量占比的增加而得到一定程度提高,当铁碳占比由 60% 增加到 90% 时,COD 去除率由 23.64% 增加到 34.12%,TP 去除率从 38% 上升到 56%,$NO_3^-$-N 去除率由 78.05% 上升到 98.96%。当铁碳占比增加到 95% 时,污水处理效果反而有所降低。分析认为

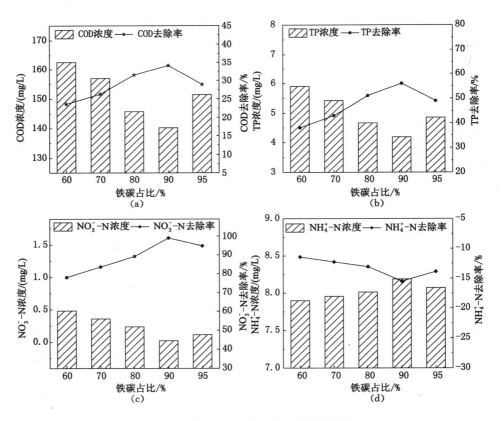

图 6.7　铁碳占比对污水处理效果的影响

当微电解颗粒中铁碳占比较小时,在反应系统中投加相同质量的颗粒,不能形成足够的原电池,导致污水中污染物不能被充分去除;当铁碳占比较大时,微电解颗粒中其他成分如催化剂、添加剂和致孔剂等含量降低,材料的硬度和催化活性有所降低,微电解反应进行缓慢且不完全,造成材料浪费[17]。本试验中铁碳的最佳质量占比为 90%。

### 6.1.2.6　填料颗粒规模对颗粒性能的影响

微电解颗粒粒径越小,相同质量所含颗粒的比表面积越大,在污水中形成的原电池数量越多,对污染物去除率越高,但并不是颗粒粒径越小越好,颗粒粒径过小,更容易发生板结、钝化以及堵塞现象,对污水处理效果产生不利影响。为了探讨颗粒粒径对污水处理效果的影响,分别制作微电解颗粒粒径范围为 0～0.5 cm、0.5～1.0 cm、1.0～1.5 cm 和 1.5～2.0 cm 的微电解颗粒进行试验。试验结果如图 6.8 所示,从图中可以看出,颗粒粒径对试验效果的影响较小,反应 3 h 后,粒径为 0.5～1.5 cm 时,污水处理效果相差不大,COD 去除率相同,均为 37.76%,TP 去除率仅相差 2.17 个百分点,$NO_3^-$-N 去除率仅相差 2.27 个

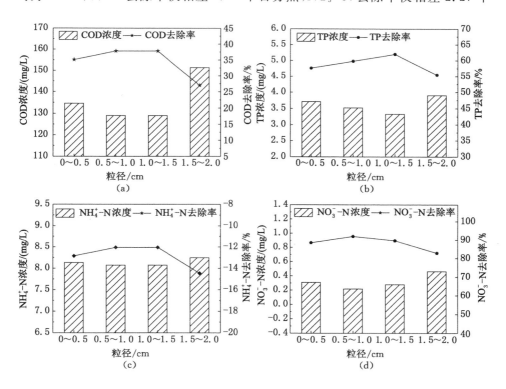

图 6.8　颗粒大小对污水处理效果的影响

百分点,而粒径在 1.5～2.0 cm 时污水处理效果有所下降,COD、TP 和 $NO_3^- $-N 去除率降低至 26.97%、55.44% 和 82.87%。同样粒径在 0～0.5 cm 时处理效果也不理想,COD、TP 和 $NO_3^- $-N 去除率相比最佳处理效果时降低了 2.70 个百分点、4.35 个百分点和 3.41 个百分点。张思相[18]在研究中得出相同的结论,不同粒径范围的球形颗粒即使在较长的反应时间中,对污水处理效果的影响依旧不大。因此,在本书后续的试验中微电解颗粒粒径选择 0.5～1.5 cm 的混合颗粒粒径。

## 6.2 反应器启动

为考察 ICME-SBR 系统处理污水效果的稳定性,启动 SBR 反应系统,在低温稳定运行的基础上,探究不同铁碳微电解颗粒投加量对污水处理效果的影响,通过试验确定该反应器中最适合的颗粒投加量,投加量确定后分别考察 pH 值、DO 等因素对 ICME-SBR 系统处理低温污水效果的影响,分析影响因素对反应器处理效果的影响机制,得出最佳试验条件。

### 6.2.1 SBR 启动阶段 COD 去除效果

SBR 反应器启动阶段进出水 COD 浓度的变化情况如图 6.9 所示。进水浓度范围为 170～220 mg/L,反应器刚开始运行时,活性污泥暂不适应系统环境,出水浓度为 92.83 mg/L,去除率仅有 47.41%,随反应器继续运行 COD 去除率呈现明显增加的趋势,可见污泥活性良好。到第 9 天时,去除率达到了 87.64%,出水浓度为 24.25 mg/L。系统在第 15 天和第 17 天时 COD 去除率达到了 90% 以上,系统运行稳定。与张雷的试验研究中 SBR 系统在中温条件下运行 20 d,COD 的平均去除率为 90%,反应器启动成功相似[19]。从第 19 天开始逐渐降低反应系统温度,温度的降低导致去除率开始减小,由于温度降低幅度较小,出水浓度有所升高但仍可以达到污水排放标准,直到第 35 天,COD 去除率只有 69.71%,出水浓度为 53.45 mg/L,此时温度已降至 10 ℃。持续低温运行下 COD 出水浓度稳定在 53.45～73.14 mg/L,平均出水浓度为 62.54 mg/L,平均去除率为 67.03%,低温降低了系统中微生物的活性,使 COD 处理效果不理想。

### 6.2.2 SBR 启动阶段 TP 去除效果

反应器启动阶段进出水 TP 浓度变化情况如图 6.10 所示,平均进水浓度为 10.32 mg/L,经过 17 d 的运行培养,TP 的去除率从启动开始阶段的 19.47% 迅速增加到了 90% 以上,从第 9 天开始,出水 TP 浓度稳定降低到了 1 mg/L 以

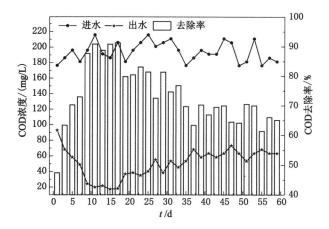

图 6.9　启动阶段 COD 进出水浓度及去除率变化

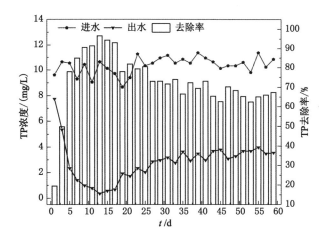

图 6.10　启动阶段 TP 进出水浓度及去除率变化

下,随着系统厌氧-好氧模式的稳定运行,系统中 PAOs 在这一阶段得到富集且活性良好,同样在张雷试验研究 SBR 的启动过程中,TP 的去除率经过 20 d 从30%提高到了90%,启动成功[19]。从第 19 天开始系统采取降温措施以后,TP浓度的变化与 COD 一致,出水浓度开始升高,达到了 1.92 mg/L,随着温度的继续降低,出水 TP 浓度持续升高,第 35 天温度首次降低到 10 ℃时,出水 TP 浓度为 3.63 mg/L。在杨继刚的试验研究中,10 ℃时 SBR 系统只能去除 75%的TP,温度降低对 TP 的去除效果产生较大影响[20]。随着系统在低温下持续运行,出水 TP 浓度稳定在 3.47 mg/L 左右,出水 TP 平均去除率为 67.25%。

### 6.2.3 SBR 启动阶段氮素去除效果

启动运行阶段氮素的浓度变化如图 6.11 所示。反应器进水 $NH_4^+$-N 浓度范围为 15～25 mg/L，平均浓度值为 21.44 mg/L。SBR 开始运行后对 $NH_4^+$-N 的去除率提高迅速，第 5 天时就达到了 90％以上，出水浓度为 1.55 mg/L，第 9 天时出水浓度降至 1 mg/L 以下，去除率稳定在 95％以上，去除效果良好。当第 19 天温度开始降低时，出水中 $NH_4^+$-N 浓度上升显著，$NH_4^+$-N 浓度在 5 mg/L 以上，可见温度降低对 $NH_4^+$-N 的去除影响较大。在韩雅红的研究中得到相同结论，并且 $NH_4^+$-N 受温度降低的影响较 TP 大[21]。在第 35 天，温度降低至 10 ℃时，$NH_4^+$-N 出水浓度为 10.52 mg/L，去除率为 48.66％。持续在低温环境下运行，$NH_4^+$-N 去除率稳定在 48％左右，处理效果较差。出水中 $NO_2^-$-N 浓度始终较低，保持在 1 mg/L 以下且变化较小，平均值为 0.17 mg/L。$NO_3^-$-N 浓度波动较大，在反应器刚启动时，出水中平均 $NO_3^-$-N 浓度为 4.71 mg/L，随温度降低硝化反应受到抑制，低温同样会抑制反硝化作用，此时 $NO_3^-$-N 浓度为 3 mg/L 左右，直到温度

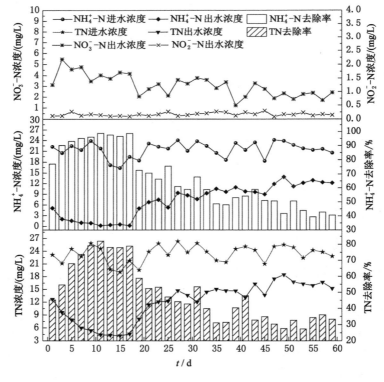

图 6.11　启动阶段氮素变化情况

降低至 10 ℃,硝化反应受到抑制作用增强,出水平均 $NO_3^--N$ 浓度降低至 2.32 mg/L。启动阶段初期对 TN 的去除效果呈现逐渐上升趋势,第 9 天出水中 TN 浓度和去除率分别为 5.39 mg/L 和 79.18%,去除效果稳定,污泥活性良好;当开始降温后,对污水中 TN 的去除影响较大,$NH_4^+-N$ 作为 TN 中的主要成分去除受到抑制,导致出水 TN 浓度达到了 11 mg/L,并随着温度的逐渐降低去除率持续降低,当温度降低至 10 ℃持续运行时,出水 TN 的平均去除率和浓度分别为 33.84% 和 15.71 mg/L,已经超出排放标准。

## 6.3　铁碳微电解耦合微生物处理低温污水影响因素研究

为考察反应器处理污水效果的稳定性,系统启动成功后,在低温下稳定运行的基础上,探究填料投加量、pH 值、DO 浓度等因素对系统处理低温污水效果的影响,分析影响因素对反应器处理效果的影响机制。

### 6.3.1　颗粒投加量对处理效果的影响

微电解颗粒的投加量关乎污水处理效果和处理成本,投加量过少不能形成足够的原电池,不能最大程度发挥微电解颗粒对低温污水处理效果的强化作用,投加量过多则可能会对微生物产生抑制作用,也是对资源的浪费。为确定 SBR 系统中铁碳微电解颗粒的最佳投加量,设计颗粒投加量分别为 0 g/g、1.0 g/g、1.7 g/g、2.6 g/g、3.3 g/g 和 4.0 g/g 6 种不同情况对应图中 6 个不同阶段(Ⅰ～Ⅵ)。将微电解颗粒放入网状的塑料填料球中使其在反应器中均匀分布,控制反应器中污泥浓度为 3 000 mg/L 左右,系统在颗粒的每一种投加量下运行稳定后,连续运行 10 d,对反应器进出水水质参数进行检测,对污水处理效果进行分析。

#### 6.3.1.1　铁碳微电解颗粒投加量对 COD 去除效果的影响

向 SBR 反应器投加微电解颗粒后进出水中 COD 浓度的变化情况如图 6.12 所示,进水浓度在 170～220 mg/L,可以看出第一阶段在低温环境下,未添加微电解颗粒时,COD 去除效果不理想,平均去除率为 66.50%,平均浓度为 62.50 mg/L。随着微电解颗粒的投加,COD 的去除效果得到改善,当铁碳微电解颗粒投加量为 2.6 g/g 时,COD 去除率达到 78.87%,出水浓度为 40.79 mg/L,相比未投加微电解颗粒时去除率提高了 12.37 个百分点,同时出水 COD 浓度达到《城镇污水处理厂污染物排放标准》(GB 18918—2002)一级标准 A 标准。铁碳微电解颗粒在污水处理过程中作为微生物的固定化载体对微生物活性起到了强化作用,提高了微生物对有机物的吸收和代谢能力,同时通过颗粒的物理化学性质去除了部分污染物,提高了污水处理效果。有研究指出[22],通过配置铁碳微电解填料对曝气生物滤池进行改进的方式,同样提高了 COD 和 TP 的去除率。当微电解颗粒投加量继续增加时,COD 去除效果未持续增加,但也未发现抑制现象。

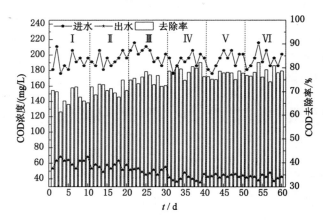

图 6.12　铁碳微电解颗粒投加量对 COD 去除效果的影响

### 6.3.1.2　铁碳微电解颗粒投加量对 TP 去除效果的影响

铁碳微电解颗粒投加到 SBR 系统后进出水 TP 浓度和去除率的变化情况如图 6.13 所示。这一阶段平均进水 TP 浓度为 9.38 mg/L,同样受低温污水影响,未投加铁碳微电解颗粒时对磷的去除率较低,仅为 65.57%,低温使反应系统中 PAOs 活性受到抑制。随着铁碳微电解颗粒的投加,磷的去除率逐渐升高,当微电解颗粒投加量达到 2.6 g/g 时,TP 平均去除率达到了 90.09%,相比未投加微电解颗粒时提高了 24.52 个百分点,平均出水浓度降低为 0.92 mg/L,达到了《城镇污水处理厂污染物排放标准》(GB 18918—2002)一级标准 A 标准的要求。随着投加量的继续增加,TP 去除效果趋于稳定。铁元素是微生物体内的矿物营养,是微生物生长所必需的物质,同时也是氧化还原载体,适量铁离子的存在对生物有促进作用,达到生物所需含量之前促进作用明显,投加量超过 2.6 g/g 时,继续促进作用不明显。TP 去除率的提高不仅与 ICME 颗粒促进微生物代谢有关,还与铁离子引起的化学磷沉淀有关。微电解颗粒在污水中发生催化原电池反应,在阳极附近生成 $Fe^{2+}$,在有氧环境下,生成的 $Fe^{2+}$ 亦可被溶液中的溶解氧氧化为 $Fe^{3+}$,二者均会与磷酸盐反应生成沉淀,降低污水中 TP 的含量。有研究将铁碳微电解颗粒用作除磷材料,在水体中磷的去除率得到极大提高的同时水体的浊度和总铁浓度增加不明显[23],铁盐也被作为混凝剂广泛应用于污水除磷[24-25]。有研究采用铁碳微电解填料强化潜流人工湿地,处理效果

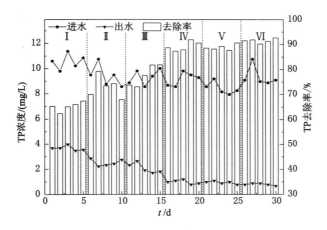

图 6.13　铁碳微电解颗粒投加量对 TP 去除效果的影响

显著高于常规人工湿地,尤其是对磷的去除[26]。

### 6.3.1.3　铁碳微电解颗粒投加量对氮素去除效果的影响

图 6.14 反映了铁碳微电解颗粒对氮素去除效果的影响。由图可知投加微电解颗粒对氮的去除是有效的:在未投加微电解颗粒时,受低温影响 $NH_4^+$-N 的去除率仅为 43.78%;当投加量为 2.6 g/g 时,$NH_4^+$-N 去除率上升了 21.56 个百分点,促进作用明显;随着投加量的继续增加,去除率没有继续上升,也没有发生抑制现象,去除效果趋于稳定。与颗粒制备过程 $NH_4^+$-N 浓度变化相比,认为铁离子作为微生物的矿物营养、细胞膜和酶活性的激活剂,对生物的生长代谢具有促进作用,又因为硝化细菌的细胞多具有复杂的膜内褶结构[27],铁离子能够改善细胞膜的渗透性,使营养物质吸收加快,进而促进硝化反应的进行。在采用曝气接触氧化法去除地下水中铁的实践中发现[27],在含有铁和氨氮的地下水中,滤池中铁细菌和硝化细菌等大量繁殖,铁的氧化与 $NH_4^+$-N 的硝化作用相互促进,铁和氨氮能够被同时除去。污水中 $NO_2^-$-N 积累量始终处于较低水平,未投加微电解颗粒时,出水 $NO_2^-$-N 浓度为 0.16 mg/L,随着微电解颗粒的投加,$NO_2^-$-N 浓度有所上升但幅度不大,保持在 0.4 mg/L 左右,分析认为铁离子对硝化过程的促进作用主要是加速了氨氮向亚硝酸盐的转化,使得出水 $NO_2^-$-N 浓度呈现上升趋势。而 $NO_3^-$-N 的浓度随微电解颗粒的投加呈现下降趋势,投加量为 2.6 g/g 时浓度为 1.44 mg/L。这一结果与前人的研究[28]相吻合。$NO_3^-$-N 浓度的降低不仅是因为微生物的反硝化作用,也是因为微电解颗粒的电化学作用,铁碳微电解颗粒形成无数原电池,所产生的电子在电池阴极被 $NO_3^-$-N 利用,生成 $NH_4^+$-N 和氮气,使得 $NO_3^-$-N 浓度呈现下降趋势。本系统中 $NH_4^+$-N 作为

TN 的主要成分,对 TN 处理效果的贡献较大,未加入微电解颗粒时,TN 平均去除率和浓度分别为 29.84% 和 15.82 mg/L,随着铁碳微电解颗粒的加入,TN 的去除率逐渐上升,当投加量达到 2.6 g/g 时,TN 去除率提高到了 51.71%,增加了 21.87 个百分点,平均出水浓度降低至 10.35 mg/L。

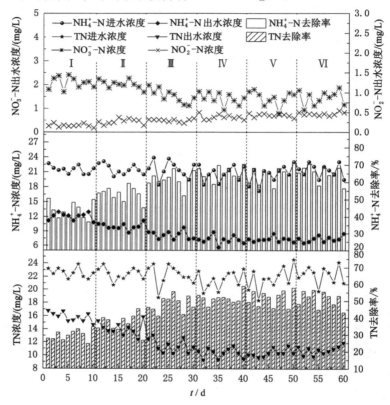

图 6.14　铁碳微电解颗粒投加量对氮素去除效果的影响

　　通过对微电解颗粒不同投加量进出水水质参数的检测分析发现,当投加量为 2.6 g/g 时,污水处理效果达到最佳,当投加量继续增加时,污水处理效果继续提升不明显。因此,综合考虑处理效果和经济因素,选择 2.6 g/g 的剂量作为后续试验的最佳剂量。

## 6.3.2　不同 pH 值对处理效果的影响

　　pH 值会影响微生物的酶活性、细胞质膜电荷分布以及细胞通透性,从而对微生物的生长、繁殖、代谢产生影响[29-30]。在污水处理中微生物对 pH 值的变化较为敏感,同时不同的微生物适宜生长的 pH 值范围不同,pH 值变化会直接影响污水处理效果,当污水 pH 值超过微生物适合生长的范围时,过高或过低都会使微生物活性受到抑制甚至直接死亡。PAOs 适宜的 pH 值范围为 6~8,此时厌氧释磷比较稳定,当 pH 值低于 6 时反应系统除磷效果会显著下降。硝化细菌和反硝化细菌适宜 pH 值范围分别为 7.5~8.5 和 6.5~7.5,同时铁碳颗粒的微电解反应也受 pH 值条件影响,传统的铁碳微电解反应在酸性条件下反应速率较快。本节考察 pH 值对 ICME-SBR 系统污水处理效果的影响,对技术机理的分析以及实际应用具有重要意义。

　　为探讨 pH 值对 ICME-SBR 系统污水处理效果的影响,投加 2.6 g/g 的铁碳微电解颗粒,设计系统 pH 值分别为 6.5、7.0、7.5 和 8.0,对应图中 4 个不同阶段,利用 10% 的 HCl 溶液和 10% 的 NaOH 溶液作为酸性和碱性缓冲溶液通过 pH 值探头和酸碱蠕动泵对系统 pH 值进行调节。运行过程中,在每一种 pH 值条件下系统运行稳定后,连续运行 10 d 以上,对运行过程中反应器进水和出水各水质参数进行检测分析。

### 6.3.2.1　pH 值对 COD 去除效果的影响

　　图 6.15 反映了 pH 值对 ICME-SBR 系统污水中 COD 处理效果的影响。COD 的平均进水浓度为 191.02 mg/L,在研究的 pH 值变化范围内,pH 值对 COD 的去除率影响较小,COD 浓度始终保持在较高水平。pH 值为 6.5 时,COD 的平均去除率为 73.85%;pH 值为 7.0 时,COD 去除率达到最大,平均去除率为 77.75%,浓度为 43.26 mg/L;当 pH 值增加到 7.5 和 8.0 时,相应的 COD 去除率分别降低了 1.30 个百分点和 4.31 个百分点。分析认为由于能够降解有机物的微生物种类较多,且不同微生物适宜生长的 pH 值范围不尽相同,同时在微电解颗粒中投加的复合金属催化剂保证了在较高 pH 值条件下微电解的反应速率,因此,pH 值对 ICME-SBR 系统在低温下去除有机物的效果影响较小。

### 6.3.2.2　pH 值对 TP 去除效果的影响

　　图 6.16 反映了 ICME-SBR 系统中 pH 值变化对 TP 去除效果的影响。由图可见,在进行试验研究的 pH 值变化范围内,TP 去除率随 pH 值升高呈现小幅度上升随即下降的趋势。当系统 pH 值较低时,PAOs 代谢活动变得缓慢使生长繁殖受到影响,但相对较低的 pH 值更有利于铁碳微电解电化学反应的进行,在较低的 pH 值条件下,ICME 期间产生的 $Fe^{2+}$ 含量要高得多,在有氧环境中被氧化为 $Fe^{3+}$,与磷酸根反应生成沉淀被去除,使 TP 去除率得到提高,同时 $H^+$ 的存在能够使反应器正常运行,不会发生反应器阻塞问题[31]。这也是系统在较低的 pH 值条件下能够保证较高的 TP 去除率的原因。在试验研究中发现,当系统 pH 值为 7.0 时,微生物与微电解颗粒协同作用对 TP 的处理效果最

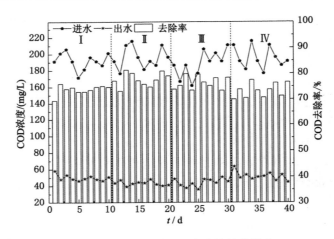

图 6.15　pH 值对 COD 去除效果的影响

好，TP 的去除率为 91.67％，出水平均 TP 浓度为 0.79 mg/L。有研究指出，在
10 ℃低温下，pH 值为 7.5 比 pH 值为 7.0 更适合 PAOs 的生长[32-33]，较高的
pH 值可能降低聚糖菌的丰度，增加 PAOs 的比例[34]。在本试验中，pH 值为
7.0 时的处理效果高于 pH 值为 7.5 时，主要是因为微电解对微生物的促进作用
大于 pH 值为 7.0 时对微生物活性的影响，同时表明，在 pH 值为 7.0 时的微电
解化学除磷效果优于 pH 值为 7.5 时。在较高的 pH 值水平下，电解反应产生
的 $Fe^{2+}$ 与 $OH^-$ 形成氢氧化亚铁，吸附污染物中带有较弱负电荷的颗粒，形成絮
凝物被去除，这一过程容易造成反应器堵塞，阻止反应进行。

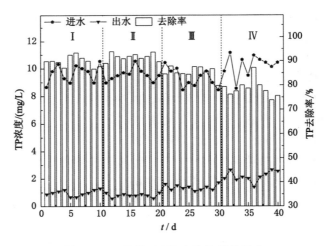

图 6.16　pH 值对 TP 去除效果的影响

## 6.3.2.3　pH 值对氮素去除效果的影响

图 6.17 反映了 ICME-SBR 系统中 pH 值对污水中氮素去除效果的影响。从图中可以看出 $NH_4^+$-N 去除效果随 pH 值的增加呈现先增大后减小的趋势，与 TP 的变化趋势相同。在 pH 值为 7.0 时去除率达到最高，$NH_4^+$-N 的平均去除率为 70.61%，出水平均浓度为 6.21 mg/L；当 pH 值由 7.0 增加到 8.0 时，$NH_4^+$-N 去除率降低了 14.93 个百分点。铁碳微电解颗粒对 $NH_4^+$-N 去除效果的提高主要是铁离子促进了硝化细菌的硝化作用。$NO_2^-$-N 浓度随 pH 值的改变变化幅度不明显，平均浓度值为 0.25 mg/L。$NO_3^-$-N 浓度随 pH 值的升高呈现整体升高的趋势，$NO_3^-$-N 浓度随 pH 值从 7.0 增加到 8.0 时由 1.46 mg/L 增加到了 3.07 mg/L，研究指出，pH 值超过 8.0 被认为是不利于反硝化细菌的生长的[35]，pH 值的升高也使微电解颗粒电化学反应去除 $NO_3^-$-N 的作用降低。TN 的变化趋势与 $NH_4^+$-N 相同，pH 值为 7.0 时平均去除率为 60.08%，出水平均浓度为 9 mg/L，当 pH 值由 7.0 增加到 8.0 后 TN 的去除率下降了 21.42 个百分点。

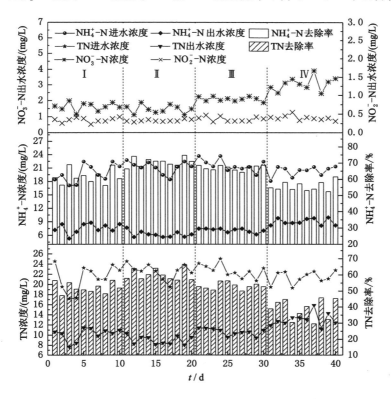

图 6.17　pH 值对氮素去除效果的影响

### 6.3.3　DO 浓度对处理效果的影响

　　DO 是生物脱氮除磷过程中重要的控制参数,不同微生物适宜的氧气环境不同,同时曝气过程是污水处理运行过程中最主要的能耗,探究 DO 浓度变化对 ICME-SBR 系统出水水质的影响,确定适宜的 DO 含量,在保证污水处理效果的同时降低处理成本,具有重要意义。由于在反应运行过程中直接对好氧阶段溶解氧控制较为困难,因此通过空气转子流量计控制空气泵的曝气量,调节反应系统好氧阶段的进气量,同时对反应器运行过程中 DO 浓度变化进行检测,控制反应器在厌氧阶段 DO 浓度小于 0.2 mg/L,研究好氧阶段不同的 DO 浓度条件下 ICME-SBR 系统低温脱氮除磷效果。曝气模式如表 6.5 所示。

表 6.5　曝气模式

| 曝气阶段 | 曝气量/(L/min) | DO 浓度/(mg/L) |
|:---:|:---:|:---:|
| Ⅰ | 0.20 | 0.98～1.17 |
| Ⅱ | 0.30 | 1.75～2.18 |
| Ⅲ | 0.45 | 2.84～3.22 |
| Ⅳ | 0.60 | 3.95～4.24 |

#### 6.3.3.1　DO 浓度对 COD 去除效果的影响

　　DO 浓度对 ICME-SBR 系统中 COD 去除效果的影响如图 6.18 所示,反应系统进水 COD 浓度为 176.50～215.87 mg/L,平均浓度为 194.21 mg/L,从图中可以看出 COD 浓度随着 DO 浓度的增加逐渐降低并趋于稳定:当 DO 浓度为 0.98～1.17 mg/L 时 COD 的去除率和浓度分别为 71.18% 和 55 mg/L;当 DO 浓度增加到 2.84～3.22 mg/L 时,有最佳处理效果,COD 平均去除率为 80.57%,平均出水 COD 浓度为 38.58 mg/L,可达到《城镇污水处理厂污染物排放标准》(GB 18918—2002)一级标准 A 标准;DO 浓度继续增加时 COD 的去除效果没有再上升,去除率趋于稳定。在好氧阶段不同 DO 浓度的环境中,COD 去除率相对于其他水质参数变化较小,分析是由于模拟生活污水中碳源由乙酸钠提供,容易被微生物降解且生活污水中 COD 浓度较低,使好氧阶段在不同 DO 浓度环境下出水 COD 变化较小。

#### 6.3.3.2　DO 浓度对 TP 去除效果的影响

　　污水中 TP 的处理效果随 DO 浓度的变化如图 6.19 所示,TP 去除率随 DO 浓度的增加呈先升高后稳定下降的趋势,DO 浓度从 0.98～1.17 mg/L 增加到 2.84～3.22 mg/L 时,TP 的平均去除率随 DO 浓度的增加由 72.37% 提高到 91.46%,平均出水 TP 浓度由 2.65 mg/L 降低到 0.85 mg/L,在低温下达到了

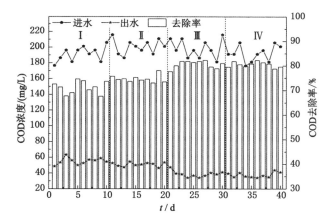

图 6.18　DO 浓度对 COD 去除效果的影响

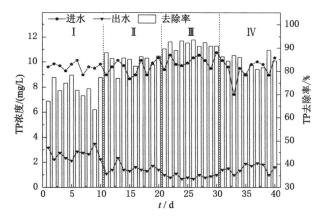

图 6.19　DO 浓度对 TP 去除效果的影响

良好的除磷效果。在有氧条件下微电解反应的电位差会增加,气泡的摩擦有助于去除微电解颗粒表面的钝化膜,有利于改善污水处理效果[36]。当 DO 浓度在 0.98~1.17 mg/L 时,TP 的去除率较低,这是因为较低的 DO 浓度不利于 PAOs 在好氧阶段对磷的吸收,同时好氧阶段 PAOs 与硝化细菌之间存在着对氧气的竞争,使磷的好氧吸收进一步受阻。当 DO 浓度升高到 3.95~4.24 mg/L 范围时 TP 的平均去除率降低至 84.1%。这主要是由于过高的 DO 浓度会使 PAOs 胞内储存的 PHB 被大量消耗,持续的高浓度 DO 浓度运行将逐渐使胞内 PHB 反应枯竭以及 poly-P 达到饱和[37],导致后续周期磷的释放不足,磷的去除能力降低,同时高浓度的 DO 还会增加系统内聚糖菌的丰度[38-39]以及铁碳微电解颗粒的消耗量。

### 6.3.3.3 DO 浓度对氮素去除效果的影响

由图 6.20 可知,提高好氧阶段系统中的 DO 浓度对 $NH_4^+$-N 的去除效果有明显提升,$NH_4^+$-N 的去除率在 DO 浓度为 $2.84\sim3.22$ mg/L 时达到最大值,为 $70.01\%$。DO 浓度从 $0.98\sim1.17$ mg/L 增加到 $2.84\sim3.22$ mg/L 时,$NH_4^+$-N 平均出水浓度从 $13.48$ mg/L 下降到 $6.10$ mg/L,可知 DO 浓度的增加可明显促进氨化和硝化作用。根据 Monod 方程,硝化细菌的生长速率受反应系统内 $NH_4^+$-N 浓度和 DO 浓度的共同影响,当进水 $NH_4^+$-N 浓度一定时,在一定的 DO 浓度范围内生长速率会随 DO 浓度的增加而加快,较高的 DO 浓度有利于 $NH_4^+$-N 的降解[40]。当 DO 浓度继续增加到 $3.95\sim4.24$ mg/L 时,对 $NH_4^+$-N 的去除效果没有进一步提升,去除率为 $66.99\%$。系统中 $NO_2^-$-N 浓度在 DO 浓度增加的过程中逐渐降低,但始终维持在较低水平,平均值为 $0.29$ mg/L,未出现积累。在 DO 浓度由 $0.98\sim1.17$ mg/L 上升到 $2.84\sim3.22$ mg/L 时,$NO_3^-$-N 浓度呈上升趋势:DO 浓度为 $2.84\sim3.22$ mg/L 时,$NO_3^-$-N 出水浓度为 $2.58$ mg/L;DO

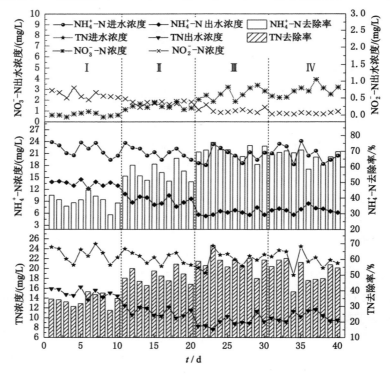

图 6.20　DO 浓度对氮素去除效果的影响

浓度增加到 $3.95\sim4.24$ mg/L 时，$NO_3^-$-N 浓度继续增加不明显。分析认为当 DO 浓度较高时，$NH_4^+$-N 被大量去除，转化为 $NO_3^-$-N 存在于系统中，同时较高的 DO 浓度也不利于反硝化细菌的生长。TN 去除效果的变化与 $NH_4^+$-N 相一致，TN 的去除率在 DO 浓度增为 $2.84\sim3.22$ mg/L 时达到最大值，为 58.12%。

综合考虑 DO 浓度对 COD、TP 和氮素去除效果的影响，选取 $2.84\sim3.22$ mg/L 作为系统最适 DO 浓度值。

# 6.4　铁碳微电解耦合微生物系统反应机理分析

活性污泥法是污水处理的典型方法，充分理解 ICME-SBR 系统对低温污水处理效果提升作用的机理至关重要，根据试验结果与前人研究经验[24,41]对系统中的反应机理进行绘制，如图 6.21 所示。

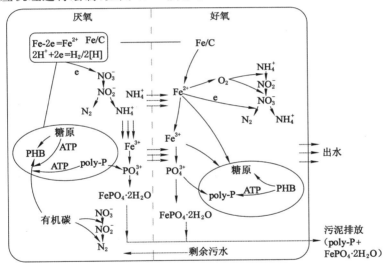

图 6.21　铁碳微电解耦合微生物系统反应机理

## 6.4.1　氮的去除机理探讨

铁碳微电解颗粒中铁在原电池阳极被氧化成 $Fe^{2+}$，$Fe^{2+}$ 部分被污染物和微生物利用，未被利用的 $Fe^{2+}$ 可在阳极继续被氧化成 $Fe^{3+}$。当微电解颗粒表面未附着活性污泥时，可直接与水中 $NO_3^-$-N 和 $NO_2^-$-N 反应，反应式如下[24]：

$$NO_3^- + 2e + H_2O \longrightarrow NO_2^- + 2OH^- \tag{6.6}$$

$$2NO_2^- + 4e + 3H_2O \longrightarrow N_2O + 6OH^- \tag{6.7}$$

$$2NO_2^- + 6e + 4H_2O \longrightarrow N_2 + 8OH^- \tag{6.8}$$

$$NO_2^- + 6e + 6H_2O \longrightarrow NH_4^+ + 8OH^- \tag{6.9}$$

从颗粒制备试验结果中发现氨氮浓度始终保持上升状态,主要原因是微电解颗粒在还原 $NO_3^-$-N 时将其转化为部分 $NH_4^+$-N。在 $NO_3^-$-N 被还原过程中还会生成 $N_2$ 和 $N_2O$ 等。在不清楚各部分含量时,通常不采用微电解方法单独去除 $NO_3^-$-N,常与微生物技术相结合,以实现 $NH_4^+$-N 与 $NO_3^-$-N 的同步去除,实现系统脱氮作用。

当微电解颗粒被活性污泥包裹时,阳极产生的电子传递到阴极,与阴极 $H^+$ 结合生成 $H_2/[H]$,反应式如下:

$$H_2O + e \longrightarrow [H] + OH^- \tag{6.10}$$

$$2H_2O + 2e \longrightarrow H_2 + 2OH^- \tag{6.11}$$

反应式(6.10)和式(6.11)为产碱反应,也是微电解颗粒在酸性条件下反应更为剧烈的原因,可通过投加复合金属催化剂使其反应速率在中性和弱碱性条件下保持在较高水平。微电解反应产生的铁离子和 $[H]/H_2$,都需要穿过附着在微电解颗粒上的活性污泥才能进入污水中,被微生物充分吸收利用。在好氧阶段,$NH_4^+$-N 被硝化细菌反应生成硝态氮和亚硝态氮,硝态氮被微电解颗粒产生的电子和系统存在的反硝化细菌还原为氮气,实现系统脱氮。

## 6.4.2 磷的代谢机理分析

### 6.4.2.1 微电解颗粒对磷的化学沉淀作用

ICME-SBR 系统对磷的去除包括微生物代谢和化学磷沉淀两部分,其中微电解颗粒对磷的化学磷沉淀作用如下。

电化学作用:

阳极(Fe):

$$Fe - 2e \longrightarrow Fe^{2+} \tag{6.12}$$

阴极(C):

$$O_2 + 2H_2O + 4e \longrightarrow 4OH^- \tag{6.13}$$

化学氧化作用:

$$4Fe^{2+} + O_2 + 2H_2O \longrightarrow 4Fe^{3+} + 4OH^- \tag{6.14}$$

$$4Fe(OH)_2 + O_2 + 2H_2O \longrightarrow 4Fe(OH)_3 \tag{6.15}$$

$$3Fe(OH)_2 + Fe(PO_3)_2 + O_2 \longrightarrow 2FePO_4 + 2Fe(OH)_3 \tag{6.16}$$

沉淀作用:

$$Fe^{2+} + 2OH^- \longrightarrow Fe(OH)_2 \tag{6.17}$$

$$Fe^{3+} + 3OH^- \longrightarrow Fe(OH)_3 \tag{6.18}$$

$$Fe^{2+} + 2PO_3^- \longrightarrow Fe(PO_3)_2 \tag{6.19}$$

$$Fe^{3+}+PO_4^{3-}\longrightarrow FePO_4 \tag{6.20}$$

共沉淀作用：

$$4FePO_4+Fe(OH)_3+Fe(OH)_2\longrightarrow Fe_6(PO_4)_4(OH)_5 \tag{6.21}$$

$$Fe^{3+}+PO_4^{3-}+2H_2O\longrightarrow FePO_4\cdot2H_2O \tag{6.22}$$

系统中磷较高的去除率除归因于微电解化学磷沉淀作用外还归因于系统内 PAOs 的代谢。通过厌氧/好氧模式运行，PAOs 在系统内得到富集。为了更好地分析微生物对磷的去除作用，对典型周期内磷的代谢情况和酶的活性变化进行检测分析。

### 6.4.2.2　ICME-SBR 中 PAOs 的代谢特性

图 6.22 显示了在低温环境下投加铁碳微电解颗粒运行稳定时 SBR 反应器中 COD、TP、PHB、poly-P 和糖原浓度的变化。厌氧释磷阶段，活性污泥 poly-P 和糖原含量呈下降趋势，分解量分别为 83.78 mg/g 和 45.53 mg/g，PHB 积累量为 78.93 mg/g。厌氧反应结束，COD 浓度降低至 34.87 mg/L，TP 浓度达到 31.63 mg/L，是初始 TP 浓度的 2.76 倍，可知在厌氧-好氧模式下运行系统中富集了大量 PAOs。在厌氧阶段 PAOs 能够水解细胞内的 poly-P 转化为正磷酸盐释放到细胞外部，使污水中 TP 含量增加，这一过程中产生的能量用于吸收污水中的挥发性脂肪酸，本系统中为乙酸钠，使 COD 的含量大幅降低，并以 PHB 的形式存储在细胞内，糖原也被转化为 PHB 储存在细胞内[42]。在好氧吸磷阶段，污泥中的糖原和 poly-P 随反应进行逐渐积累，好氧结束时分别积累了 37.7 mg/g 和 91.28 mg/g。同时，PHB 和 TP 曲线呈稳定下降趋势，出水 TP 浓度为 0.77 mg/L，PHB 分解量为 82.74 mg/g。这是由于 PAOs 以氧作为电子受体，以厌氧阶段体内储存的胞内聚合物 PHB 作为碳源和能量源，对污水中可溶性正磷酸盐过

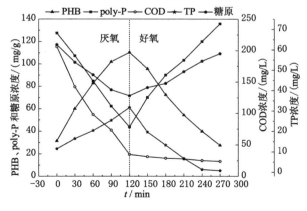

图 6.22　典型周期内磷的代谢情况

量吸收并储存转化为 poly-P,在细胞体中积累,达到除磷的目的[43]。此外,好氧阶段 COD 浓度曲线持续下降,反应结束时出水 COD 浓度为23.92 mg/L。

有研究者利用 SBR 装置以与本试验相同的运行模式并投加相同碳源在 20 ℃时对 PAOs 的代谢特性进行了研究[44],发现在厌氧 2 h 时,PHB 的合成量为 74.30 mg/g,糖原的降解量为 23.1 mg/g,好氧结束时 PHB 的分解量为 86.41 mg/g,糖原的合成量为 30 mg/g,与本试验中结果相近,可知铁碳微电解颗粒的投加强化了低温条件下 PAOs 的代谢活性,使其与室温条件下的代谢能力相近甚至更高。

### 6.4.2.3 典型周期内酶的活性变化

活性污泥对污水中氮、磷和有机物质的降解主要是通过微生物酶的氧化还原体系来完成的,其中 DHA 活性和 ETS 活性都能够反映污泥系统中活性微生物数量和微生物代谢污水中有机物的能力[45]。酶的活性可以通过测定产物形成或底物利用的速率来测定[46]。DHA 活性和 ETS 活性数值在一个典型周期内的变化如图 6.23 所示。

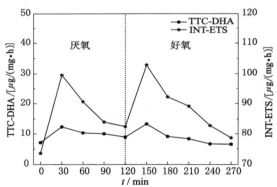

图 6.23　典型周期内酶活性的变化情况

由图可见,DHA 和 ETS 活性在典型运行周期中表现出相似的变化趋势[47],在厌氧阶段进行到 30 min 时,测定的 DHA 和 ETS 活性分别增加了 5.31 $\mu g/(mg \cdot h)$ 和 25.97 $\mu g/(mg \cdot h)$,在厌氧阶段达到最大值。这是因为模拟生活污水中有机分子颗粒小,容易被活性污泥微生物吸收利用。在厌氧阶段结束时,DHA 和 ETS 活性分别为 8.90 $\mu g/(mg \cdot h)$ 和 82.47 $\mu g/(mg \cdot h)$。好氧阶段,微生物很快适应好氧环境,在反应进行 30 min 时 DHA 和 ETS 活性均达到最大值,分别为 13.34 $\mu g/(mg \cdot h)$ 和 102.88 $\mu g/(mg \cdot h)$,之后呈下降趋势。随着好氧吸磷的进行,基质被消耗,DHA 和 ETS 的量明显减少,分别逐渐下降到 6.54 $\mu g/(mg \cdot h)$ 和 78.65 $\mu g/(mg \cdot h)$,与好氧 30 min 时的数值形成鲜明对比。该系统在厌氧阶段的酶活性主要与 PAOs 厌氧释放磷和有机物降解有关,而好氧阶段的酶活性主要与 PAOs 好氧过量摄取磷有关。在本试验中,厌氧和好氧阶段酶活性的变化与 Goel 等在研究中得出的厌氧阶段酶活性相对较高的结果不同[48],好氧阶段的酶活性高于厌氧阶段表明微电解颗粒在好氧条件下对微生物活性的强化作用较大。

# 6.5　微生物群落分析

微生物作为污水中降解污染物的主体,不同的微生物处理污水的效果有差异,前面的试验数据证实了铁碳微电解与微生物耦合提高了对低温污水的处理效果,而微电解颗粒对活性污泥中微生物菌群的影响尚不明确,因此通过对系统中微生物菌群结构进行分析,明确系统内参与脱氮除磷的细菌种属,对 ICME-SBR 系统处理低温污水的研究具有重要意义。

## 6.5.1　基因组提取及 PCR 扩增

取 3 个不同时期污泥样本进行高通量检测,3 个样本 G1、G2 和 G3 分别为污水厂刚取回的污泥、反应器中低温运行稳定的污泥和投加铁碳微电解颗粒后低温运行稳定的污泥,对其进行基因组 DNA 提取和扩增,PCR 扩增后产物电泳图如图 6.24 所示,条带明亮且无杂质带出现,说明样本 DNA 的提取和 PCR 扩增较为成功。

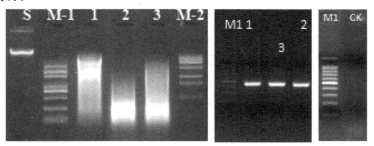

图 6.24　PCR 扩增凝胶电泳图

## 6.5.2　微生物种群多样性和丰富度分析

采用 Illumina NovaSeq 测序平台对 3 个污泥样本进行检测分析,3 个样本在 97% 一致性阈值下的多样性指数丰度统计如表 6.6 所示,由表可见,3 个样本的物种覆盖度均达到了 99% 以上,这一数据表明此次高通量测序结果能够准确代表样本中微生物的真实情况。

表 6.6  样本多样性指数丰度统计表

| 样本 | 观测到的物种数目/OTU | Shannon | Simpson | Chao1 | ACE | 物种覆盖度 |
|---|---|---|---|---|---|---|
| G1 | 1 670 | 8 490 | 0.990 | 1 879.350 | 1 733.409 | 0.997 |
| G2 | 1 149 | 7 770 | 0.987 | 1 195.172 | 1 195.596 | 0.998 |
| G3 | 1 116 | 7 587 | 0.986 | 1 212.623 | 1 210.088 | 0.997 |

在分析中选取 ACE、Chao1、Shannon 和 Simpson 这 4 个不同的多样性指数以表征样品中物种分布的多样性和均匀度。其中指数 Chao1 和 ACE 是根据不同的算法来估算群落中物种总数和观测到的物种数目即 OTU 数目[49]，由表 6.6 可见，3 个样品中 Chao1 和 ACE 指数均为 G1＞G3＞G2，G1 的物种总数最高，G2 物种总数最低。这是因为 G1 活性污泥样本取自城市污水处理厂，实际生活污水成分复杂，污水厂运行稳定处理效果良好，活性污泥已经适应了污水厂复杂的水质情况；而 G2 和 G3 样本在处理模拟生活污水过程中菌群受水质和低温环境影响，物种总数降低，低温抑制了系统中部分微生物的生长，在投加了微电解颗粒后系统中微生物得到强化，物种总数呈现上升状态。Shannon 指数反映的是样品中的分类总数及其占比，数值越大表明群落的复杂程度越高；Simpson 表征群落内物种分布的多样性和均匀度，指数越大表明群落多样性越高，物种分布越均匀[50]。在 3 个样本中两个指数均为 G1 最大 G3 最小，可见污水厂中污泥样本物种总数多且分布均匀，当投加到反应器后，环境温度逐渐降低，超出某些菌种的适宜生长温度，竞争能力弱的菌群数量逐渐减少，菌种的复杂程度和均匀度降低。而投加铁碳微电解颗粒后，物种的复杂程度和均匀度继续降低，分析认为微电解颗粒的投加增强了系统中某些优势菌种在低温环境下的相对丰度，导致整体复杂程度和均匀度下降，在菌群物种数量增多的同时优势菌种增加更为显著。

## 6.5.3  门级水平优势微生物分析

3 个污泥样本在门水平上的微生物菌群组成如图 6.25 所示，可以看出 3 个样本中优势细菌种类较为相似，各自占比则不相同，优势菌门主要包括变形菌门（Proteobacteria）、拟杆菌门（Bacteroidota）、不明细菌（unidentified_Bacteria）、放线菌门（Actinobacteriota）、酸杆菌门（Acidobacteriota）、黏球菌门（Myxococcota）和厚壁菌门（Firmicutes）等。该系统在门水平上的微生物分布与其他水处理系统中的微生物分布相似[51-52]，敬双怡等[53]在采用 SMBBR 工艺处理生活污水时，对好氧池和厌氧池的微生物进行了检测分析，发现变形菌门在好氧池和厌氧池的微生物菌群中占比最大,分别为 40.8% 和 40.6%,说明了变形菌门在水处理中的重要作用。本试验中变形菌门也一直为系统中的优势菌群,占有系统中最大的相对丰度比例,在 G1、G2 和 G3 中分别占 39.6%、31.6% 和 48.8%。该门的细菌形状具有多变性,且都属于革兰氏阴性菌,有研究表明,污水处理系统中具有脱氮除磷和反硝化除磷功能的细菌大部分属于变形菌门,小部分属于拟杆菌门[54-55]。在 3 个样本中变形菌门占比的变化是因为受低温的影响部分变形菌门的微生物活性受到抑制,甚至死亡,使该菌门在 G2 中的占比降低,而投加了适量的微电解颗粒后,变形菌门占比增加到了 48.8%,可见微电解颗粒的加入对变形菌门细菌有较强的促进作用,同时变形菌门比例的升高导致其他菌门占比有所下降。

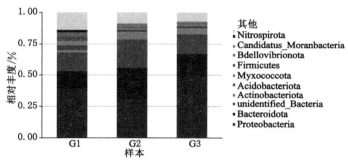

图 6.25　细菌在门水平上的分布

　　其他菌门在 G1、G2 和 G3 中的所占比例分别为拟杆菌门占比 13.7%、24.4% 和 18.47%,不明细菌占比 14.95%、22.91% 和 15.89%,放线菌门占比 1.9%、6.1% 和 4.8%,酸杆菌门占比 4.0%、1.5% 和 1.6%。拟杆菌门可以参与生物除磷和反硝化过程,代谢多种有机碳水化合物和蛋白质[56]。此外,放线菌门在厌氧时可以起到脱氮作用;酸杆菌门被证实与铁循环有关,在厌氧条件下有还原铁的能力;厚壁菌门细菌能够抵抗外界的有害因子[57],对去除污水中的氮和维持系统稳定有很大的贡献[58]。

## 6.5.4　属级水平优势微生物分析

　　在属水平上,选取系统占比较多的前 30 个菌属进行分析,3 个活性污泥样本菌群在属水平上的分布情况如图 6.26 所示,可以看出污泥在低温环境运行至稳定后系统中的优势菌属与污水厂刚取出的活性污泥相比变化较大,其中污水厂取出的污泥样本 G1 中优势菌属主要是脱氮细菌,包括 *Denitratisoma*(6.98%)、Ellin6067(4.77%)、unidentified_*Nitrospiraceae*(1.33%)、*Dechloromonas*(1.09%)等脱氮除磷相关菌属。其中 *Denitratisoma* 是具有好氧反硝化能力的新型细菌,能够将亚硝态氮直接转化为氮气,由 Fahrbach 等[59]首次在城市污水处理厂中分离得到,属于红环菌科;Ellin6067[60]可降解微囊藻毒素;unidentified_*Nitrospiraceae*好氧硝化菌在有氧状态下可将 $NO_2^- \text{-N}$ 转化为 $NO_3^- \text{-N}$;*Dechloromonas* 脱氯单胞菌属是重要的反硝化聚磷菌,在厌氧和缺氧环境下进行反硝化反应兼具聚磷作用[61-62]。

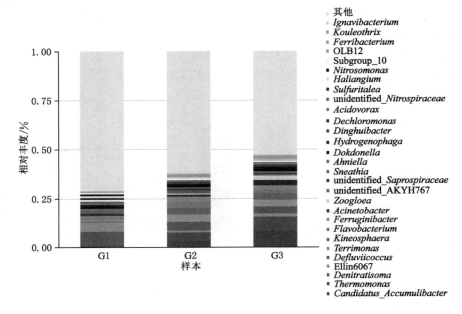

图 6.26　细菌在属水平上的分布

G2 和 G3 样本中优势菌属为 *Candidatus_Accumulibacter*。该菌属属于变形菌门的红环菌科 *Rhodocyclus*,是活性污泥中占主导地位的 PAOs[63-64],在 G3 中占比 8.19%,在 G2 中占比 3.54%,在 G1 中占比 0.6%,这一比例的增长说明 *Candidatus_Accumulibacter* 在 SBR 反应器低温环境下好氧-厌氧的运行模式中得到了富集,同时微电解颗粒的投加对该菌属起到了促进作用。*Acinetobacter* 不动杆菌属是另一种被公认的 PAOs,Fuhs 等人利用特定培养基首次于具有高效除磷性能的污泥中分离得到了这一细菌[65],此后研究者从不同污水处理系统中也分离得到 *Acinetobacter*。在 G1 样本中 *Acinetobacter* 相对丰度仅为 0.3%,在 G2、G3 中相对丰度分别增加 1 个百分点和 2.7 个百分点,说明 PAOs 在低温环境下竞争生长能力较强。铁碳微电解颗粒的投加也促进了 *Candidatus_Accumulibacter* 和 *Acinetobacter* 的增殖,在系统除磷中发挥了关键性作用,这一现象与典型周期内磷的代谢情况相符。

ICME-SBR 系统中的第二优势菌属是 *Thermomonas* 热单胞菌,在 G3 中占比 7.33%,其在低温下能够脱氮除磷,在 Xing 等[66]的研究中也发现了类似的结果。系统中还存在其他与脱氮相关的细菌,包括:*Terrimonas*[67]属于拟杆菌门的鞘脂杆菌纲,是亚硝酸氧化细菌的一种,相对丰度由 G1 中的 0.7% 增加至 G2、G3 中的 3.83%、3.55%,投加微电解颗粒后相对丰度略有下降;亚硝化单胞菌属(*Nitrosomonas*),是氨氧化菌的一种[68-69],在 G1 中占比 0.8%,G2、G3 中受低温影响相对丰度降低至 0.02% 和 0.08%;*Dokdonella* 属于变形菌门,也是污水处理过程中常见的脱氮功能细菌,具有硝化和反硝化作用,能够有效促进氮素的转化[70],由 G1 中的 0.6% 增加至 G2、G3 中的 0.9% 和 1.19%;unidentified_ *Nitrospiraceae* 为硝化菌、好氧菌,有氧状态下可将 $NO_2^-$-N 转化为 $NO_3^-$-N。系统中的反硝化菌属有 *Hydrogenophaga*[71]、*Acidovorax*[72]、*Flavobacterium*[73]、*Sulfuritalea* 等。

此外,系统中还存在大量与活性污泥稳定性和降解有机物相关的菌属,其中 *Zoogloea* 是微生物系统中的重要细菌,菌体通常聚集在共有的菌胶团中,可通过吸附的方式去除大量的氮磷[74];*Kineosphaera* 的存在对于维持污泥形态的稳定有重要作用[75];*Ferruginibacter* 具有电化学活性,能够降解一些有机物质[76];*Haliangium* 主要通过厌氧发酵的方式实现对有机物的降解[70];*Ferribacterium* 是典型的铁氧化细菌。系统中还存在少量的聚糖菌 *Defluviicoccus*。聚糖菌是一类丝状的细菌,能够像 PAOs 一样在厌氧条件下吸收挥发性脂肪酸,两者存在对碳源的竞争,但聚糖菌不能够在好氧条件下发生聚磷反应,通常反应系统中聚糖菌过量繁殖会引起污水处理效果恶化[77]。系统中聚糖菌由 G1 时的 0.4% 增长到了 G2 时的 4.5%,受低温和聚糖菌含量上升的影响此时系统除磷效果较差,随后 G3 样本的聚糖菌降至 3.6%,系统除磷效果得到改善。系统的菌属中其他不明细菌占比较大,可能还存在其他具有污水处理能力的菌属,需做进一步研究。

# 6.6　ICME-SBR 系统低温污水处理技术经济分析

通过研究 ICME-SBR 系统在不同影响因素下的运行效果得到反应系统最佳运行条件,在低温条件下对污水的处理取得了良好的效果,同时高通量检测结果进一步证实了微电解颗粒对 SBR 系统的强化作用,出水中各污水处理检测项目均能满足《城镇污水处理厂污染物排放标准》(GB 18918—2002)一级标准 A 标准,为低温污水处理提供了可行的方案,本章对该技术的经济效益进行分析,探究其应用前景。

### 6.6.1　实际运行成本计算

根据污水厂的成本构成建立污水厂实际运行成本函数：

$$C(G,Q,W,N)$$

模型公式为：

$$C=G \cdot I/Q+N/Q+W/Q \tag{6.23}$$

式中　$C$——污水厂单位运行成本；

　　　$I$——污水厂固定资产基本折旧率；

　　　$G$——污水厂固定资产投资花费；

　　　$W$——污水年处理总费用；

　　　$N$——污泥年运行总费用；

　　　$Q$——污水年处理量。

污水厂单位污水处理成本共计由 3 部分组成：第一部分 $G \cdot I/Q$ 为污水厂单位污水平均建设费用，根据我国东部、西部和中部共计 227 座污水厂统计数据可知[78]，污水厂的平均建设费用为 0.37 元/t，即 $G/Q$ 的费用，污水厂固定资产基本折旧率采用平均年限法计算，折旧年限为 20 年，固定资产净残值率为 4%[79]，固定资产投资基本折旧率为（1－4%）/20 为 4.8%，单位建设费用与基本折旧率的乘积约为 0.02 元/t 即第一部分费用。污水厂资料中显示每吨污水的污泥平均处置费用为 0.2 元/t 即第二部分费用。第三部分单位污水的处理费用也是污水厂单位污水处理成本中最主要的部分，主要包括微电解颗粒添加及补充费用、人员费、动力费、维修费和其他费用，因该工艺无须投加化学药剂因此不含药剂费。该处理工艺实验室单日处理水量约为 20 L，则年累计处理水量为 7.3 t。通过检测试验装置运行过程中颗粒的质量变化，得出年损失量为 44 g，微电解颗粒的直接费用成本为 16.58 元/kg，则因微电解颗粒投加以及颗粒补充的成本为0.318 元/t。除去颗粒费用，其他费用累计为 0.42 元/t[80]，则单位污水的处理成本约为 0.74 元/t。

因此，ICME-SBR 系统建设实际工程可参考的运行成本共计为 0.96 元/t，各部分费用见表 6.7。

表 6.7　污水厂运行成本计算表

| 固定资产折旧费用/(元/t) | 污水处理成本/(元/t) | 污泥处理成本/(元/t) | 总计/(元/t) |
|---|---|---|---|
| 0.02 | 0.74 | 0.20 | 0.96 |

### 6.6.2　运行成本比较与分析

将 ICME-SBR 系统的实际工程可参考的运行成本与实际污水厂的运营成

本进行比较,污水厂的运营成本因执行污水排放标准等级和地区的不同存在差别,分别选取我国东部的 128 个污水厂以及全国 277 个污水厂运行成本进行比较[78],如图 6.27、图 6.28 所示。本工艺的单位运行成本与东部地区污水厂相比,低于执行《城镇污水处理厂污染物排放标准》(GB 18918—2002)一级标准 A 标准、一级标准 B 标准以及二级标准水厂;与全国污水厂相比,运行费用高于执行三级标准水厂,低于执行其他高级别标准的污水厂。

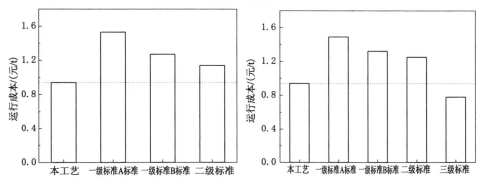

图 6.27　与东部地区污水厂运行成本比较　　图 6.28　与全国不同污水厂运行成本比较

　　综上,ICME-SBR 系统处理后污水可达国家污水排放一级标准 A 标准,且运行费用低于我国 88 个执行《城镇污水处理厂污染物排放标准》(GB 18918—2002)一级标准 A 标准、B 标准的污水厂和执行二级标准的污水厂,仅高于我国西部地区执行三级标准的污水厂,经济效益较高,且系统能够保证在低温下运行稳定与出水达标,从现实的角度出发具有广阔的应用前景。

# 参 考 文 献

[1] JANDA V, VASEK P, BIZOVA J, et al. Kinetic models for volatile chlorinated hydrocarbons removal by zero-valent iron[J]. Chemosphere, 2004,54(7):917-925.

[2] 何佼,刘国,汤景鹏,等.铁碳微电解法预处理猪场沼液中氨氮的研究[J].工业安全与环保,2015,41(3):27-30.

[3] JIN Y Z, ZHANG Y F, LI W. Micro-electrolysis technology for industrial wastewater treatment[J]. Journal of environmental sciences (China), 2003,15(3):334-338.

[4] 陈润华,柴立元,王云燕,等.新型铁炭微电解法降解 EDTA 有机废水[J].中

南大学学报(自然科学版),2011,42(6):1516-1521.

[5] DENG S H,LI D S,YANG X,et al. Biological denitrification process based on the Fe(0)-carbon micro-electrolysis for simultaneous ammonia and nitrate removal from low organic carbon water under a microaerobic condition[J]. Bioresource technology,2016,219:677-686.

[6] ZHU X Y,CHEN X J,YANG Z M,et al. Investigating the influences of electrode material property on degradation behavior of organic wastewaters by iron-carbon micro-electrolysis[J]. Chemical engineering journal,2018,338:46-54.

[7] 邹东雷,李萌,邹昊辰,等.新型铁碳微电解填料处理含苯污染地下水的实验 [J].吉林大学学报(地球科学版),2010,40(6):1441-1445.

[8] 朱乐辉,黄雅婧,涂翔.铁碳微电解预处理蓝色墨汁废水的试验研究[J].水 处理技术,2012,38(3):27-29.

[9] 邓海亮,李军,陈光辉,等.水性聚氨酯(WPU)包埋活性污泥的亚硝化反应 [J].环境工程学报,2016,10(7):3496-3502.

[10] 邓时海.催化 Fe-C 内电解与生物耦合深度脱除污水厂尾水中氮的机制与 技术[D].北京:北京交通大学,2017.

[11] 曹飞.新型微电解填料的制备及其性能研究[D].镇江:江苏大学,2016.

[12] 应迪文.微电解方法的原理研究、性能拓展及在难降解废水处理中的应用 [D].上海:上海交通大学,2013.

[13] 李德生.好氧低碳氮比污水氨氮直接脱氮生物颗粒载体及制备方法[D].北 京:北京交通大学,2013.

[14] 李萌.微电解填料的制备及其在有机废水处理中的应用[D].长春:吉林大 学,2011.

[15] 尹美兰.两种三元微电解填料的开发及其性能研究[D].沈阳:沈阳工业大 学,2016.

[16] 常邦.基于铁碳微电解填料的合并净化槽处理农村生活污水的研究[D].北 京:中国地质大学(北京),2017.

[17] 李元慈.铁炭微电解材料的制备及其对难降解印染废水的处理研究[D].西 安:长安大学,2015.

[18] 张思相.新型微电解填料的开发及其在废水处理中的应用[D].长春:吉林 大学,2008.

[19] 张雷.低温生活污水脱氮除磷技术研究[D].哈尔滨:哈尔滨工业大 学,2007.

[20] 杨继刚. SBR 同步脱氮除磷效果及影响因素研究[D]. 沈阳:沈阳建筑大学,2015.

[21] 韩雅红. 电气石强化 SBR 脱氮除磷效能及微生物群落结构研究[D]. 哈尔滨:哈尔滨工业大学,2019.

[22] ZHANG L L,YUE Q Y,YANG K L,et al. Enhanced phosphorus and ciprofloxacin removal in a modified BAF system by configuring Fe-C micro electrolysis:investigation on pollutants removal and degradation mechanisms[J]. Journal of hazardous materials,2018,342:705-714.

[23] 胡艳平,王振华,李青云,等. 新型铁碳微电解材料对水体磷的净化效果研究[J]. 长江科学院院报,2021,38(7):24-28.

[24] EL SAMRANI A G,LARTIGES B S,MONTARGÈS-PELLETIER E,et al. Clarification of municipal sewage with ferric chloride:the nature of coagulant species[J]. Water research,2004,38:756-768.

[25] LI C J,MA J,SHEN J M,et al. Removal of phosphate from secondary effluent with $Fe^{2+}$ enhanced by $H_2O_2$ at nature pH/neutral pH[J]. Journal of hazardous materials,2009,166(2/3):891-896.

[26] 沈友豪. 铁碳微电解对人工湿地脱氮除磷的强化效果研究[D]. 济南:山东大学,2019.

[27] 支霞辉. 铁内电解法与生物法耦合脱氮工艺的研究[D]. 上海:同济大学,2006.

[28] DENG S H,LI D S,YANG X,et al. Advanced low carbon-to-nitrogen ratio wastewater treatment by electrochemical and biological coupling process[J]. Environmental science and pollution research international,2016,23(6):5361-5373.

[29] 魏佳虹,孙宝盛,赵双红,等. pH 对 SBR 处理效果及活性污泥微生物群落结构的影响[J]. 环境工程学报,2017,11(3):1953-1958.

[30] 徐亚同. pH 值、温度对反硝化的影响[J]. 中国环境科学,1994,14(4):308-313.

[31] ZHANG G S,LIU H J,LIU R P,et al. Removal of phosphate from water by a Fe-Mn binary oxide adsorbent[J]. Journal of colloid and interface science,2009,335(2):168-174.

[32] WANG D B,ZHENG W,LIAO D X,et al. Effect of initial pH control on biological phosphorus removal induced by the aerobic/extended-idle regime[J]. Chemosphere,2013,90(8):2279-2287.

[33] LOPEZ-VAZQUEZ C M,ADRIAN O,HOOIJMANS C M,et al. Modeling the PAO-GAO competition：effects of carbon source, pH and temperature[J]. Water research,2009,43：450-462.

[34] QIN Z,LIU S,LIANG S X,et al. Advanced treatment of pharmaceutical wastewater with combined micro-electrolysis, Fenton oxidation, and coagulation sedimentation method[J]. Desalination and water treatment, 2016,57(53)：25369-25378.

[35] KURT M,DUNN I J,BOURNE J R. Biological denitrification of drinking water using autotrophic organisms with $H_2$ in a fluidized-bed biofilm reactor[J]. Biotechnology and bioengineering,1987,29(4)：493-501.

[36] 孙志华,魏永强,李志刚,等. 铁碳微电解工艺分析与设计优化[J]. 新疆环境保护,2008,30(3)：35-37.

[37] BRDJANOVIC D, SLAMET A, VAN LOOSDRECHT M C M, et al. Impact of excessive aeration on biological phosphorus removal from wastewater[J]. Water research,1998,32(1)：200-208.

[38] OEHMEN A,LEMOS P C,CARVALHO G,et al. Advances in enhanced biological phosphorus removal：from micro to macro scale[J]. Water research,2007,41(11)：2271-2300.

[39] CARVALHEIRA M,OEHMEN A,CARVALHO G,et al. The impact of aeration on the competition between polyphosphate accumulating organisms and glycogen accumulating organisms[J]. Water research, 2014,66：296-307.

[40] ZHOU X Y, LIU X H, HUANG S T, et al. Total inorganic nitrogen removal during the partial/complete nitrification for treating domestic wastewater：removal pathways and main influencing factors [J]. Bioresource technology,2018,256：285-294.

[41] PENG S,DENG S H,LI D S,et al. Iron-carbon galvanic cells strengthened anaerobic/anoxic/oxic process (Fe/C-A$^2$O) for high-nitrogen/phosphorus and low-carbon sewage treatment[J]. Science of the total environment, 2020, 722：137657.

[42] MINO T,VAN LOOSDRECHT M C M,HEIJNEN J J. Microbiology and biochemistry of the enhanced biological phosphate removal process[J]. Water research,1998,32(11)：3193-3207.

[43] WANG R Y, LI Y M, CHEN W L, et al. Phosphate release involving

PAOs activity during anaerobic fermentation of EBPR sludge and the extension of ADM1[J]. Chemical engineering journal,2016,287:436-447.

[44] 李亚静. 反硝化聚磷菌与传统聚磷菌富集及基质代谢特性对比研究[D]. 天津:天津大学,2013.

[45] 黄萌萌. 基于能量代谢分析的复合铁酶促活性污泥强化硝化功能机制研究[D]. 青岛:青岛理工大学,2013.

[46] TIPTON F K. Principles of enzyme assay and kinetic studies[C]//佚名. Enzyme assays:in a practical approach. Oxford:Oxford University Press, 1992:1-53.

[47] TREVORS J T. Effect of substrate concentration,inorganic nitrogen,$O_2$ concentration,temperature and pH on dehydrogenase activity in soil[J]. Plant and soil,1984,77(2/3):285-293.

[48] GOEL R,MINO T,SATOH H,et al. Enzyme activities under anaerobic and aerobic conditions in activated sludge sequencing batch reactor[J]. Water research,1998,32(7):2081-2088.

[49] SCHMIEDER R,EDWARDS R. Quality control and preprocessing of metagenomic datasets[J]. Bioinformatics,2011,27(6):863-864.

[50] QIAN G S,YE L L,LI L,et al. Influence of electric field and iron on the denitrification process from nitrogen-rich wastewater in a periodic reversal bio-electrocoagulation system[J]. Bioresource technology,2018, 258:177-186.

[51] KARANASIOS K A,VASILIADOU I A,PAVLOU S,et al. Hydrogenotrophic denitrification of potable water:a review[J]. Journal of hazardous materials,2010,180(1/2/3):20-37.

[52] SHU D T,HE Y L,YUE H,et al. Metagenomic insights into the effects of volatile fatty acids on microbial community structures and functional genes in organotrophic anammox process[J]. Bioresource technology, 2015,196:621-633.

[53] 敬双怡,李岩,于玲红,等. SMBBR 工艺处理生活污水脱氮效能及其微生物多样性[J]. 应用与环境生物学报,2019,25(1):206-214.

[54] TIKHONOV M,LEACH R W,WINGREEN N S. Interpreting 16S metagenomic data without clustering to achieve sub-OTU resolution[J]. The ISME journal,2015,9(1):68-80.

[55] NGUYEN H T T,LE V Q,HANSEN A A,et al. High diversity and

abundance of putative polyphosphate-accumulating Tetrasphaera-related bacteria in activated sludge systems[J]. FEMS microbiology ecology, 2011,76(2):256-267.

[56] LI L, DONG Y H, QIAN G S, et al. Performance and microbial community analysis of bio-electrocoagulation on simultaneous nitrification and denitrification in submerged membrane bioreactor at limited dissolved oxygen[J]. Bioresource technology,2018,258:168-176.

[57] NICHOLSON W L, MUNAKATA N, HORNECK G, et al. Resistance of Bacillus endospores to extreme terrestrial and extraterrestrial environments[J]. Microbiology and molecular biology reviews: MMBR, 2000,64(3):548-572.

[58] 金陵科技学院. 一株具有氨氮降解能力的枯草芽孢杆菌及其应用: 201310714343. X[P]. 2014-04-02.

[59] FAHRBACH M, KUEVER J, MEINKE R, et al. *Denitratisoma oestradiolicum* gen. nov. , sp. nov. , a 17β-oestradiol-degrading, denitrifying betaproteobacterium[J]. International journal of systematic and evolutionary microbiology,2006,56(7):1547-1552.

[60] 常玉梅,杨琦,郝春博,等. 城市污水厂活性污泥强化自养反硝化菌研究 [J]. 环境科学,2011,32(4):1210-1216.

[61] 郭小马,赵焱,王开演,等. MBR 与 SMBR 脱氮除磷特性及膜污染控制[J]. 环境科学,2015,36(3):1013-1020.

[62] 吴春笃,郭静,许小红. 高氯酸盐降解菌的分离鉴定及特性研究[J]. 生态环境学报,2010,19(2):281-285.

[63] CROCETTI G R, HUGENHOLTZ P, BOND P L, et al. Identification of polyphosphate-accumulating organisms and design of 16S rRNA-directed probes for their detection and quantitation[J]. Applied and environmental microbiology,2000,66(3):1175-1182.

[64] FREITAS F, TEMUDO M, REIS M A M. Microbial population response to changes of the operating conditions in a dynamic nutrient-removal sequencing batch reactor[J]. Bioprocess and biosystems engineering, 2005,28(3):199-209.

[65] FUHS G W, CHEN M. Microbiological basis of phosphate removal in the activated sludge process for the treatment of wastewater[J]. Microbial ecology,1975,2(2):119-138.

[66] XING W,LI D S,LI J L,et al. Nitrate removal and microbial analysis by combined micro-electrolysis and autotrophic denitrification [J]. Bioresource technology,2016,211:240-247.

[67] 文菲.泥膜复合强化污水生物脱氮技术应用及其机理研究[D].青岛:青岛理工大学,2017.

[68] 邢鹏,孔繁翔,陈开宁,等.生态修复水生植物根际氨氧化细菌的研究[J].环境科学,2008,29(8):2154-2159.

[69] FREITAG T E,CHANG L S,PROSSER J I. Changes in the community structure and activity of betaproteobacterial ammonia-oxidizing sediment bacteria along a freshwater-marine gradient [J]. Environmental microbiology,2006,8(4):684-696.

[70] 李勇.改良型卡鲁塞尔氧化沟脱氮效能提升及其生物微环境的研究[D].重庆:重庆大学,2016.

[71] MANTRI S, CHINTHALAGIRI M R, GUNDLAPALLY S R. Description of *Hydrogenophaga laconesensis* sp. nov. isolated from tube well water[J]. Archives of microbiology,2016,198(7):637-644.

[72] VASILIADOUI A，PAVLOU S，VAYENAS D V. Dynamics of a chemostat with three competitive hydrogen oxidizing denitrifying microbial populations and their efficiency for denitrification[J]. Ecological modelling,2009,220(8):1169-1180.

[73] HE J Z, XU Z H, HUGHES J. Pre-lysis washing improves DNA extraction from a forest soil[J]. Soil biology and biochemistry,2005,37(12):2337-2341.

[74] YANG S, YANG F L. Nitrogen removal via short-cut simultaneous nitrification and denitrification in an intermittently aerated moving bed membrane bioreactor [J]. Journal of hazardous materials, 2011, 195:318-323.

[75] ZHU L,LV M L,DAI X,et al. The stability of aerobic granular sludge under 4-chloroaniline shock in a sequential air-lift bioreactor (SABR)[J]. Bioresource technology,2013,140:126-130.

[76] JU H L,BAEK S H,LEE S T. *Ferruginibacter alkalilentus* gen. nov. sp. nov. and *Ferruginibacter lapsinanis* sp. nov. novel members of the family 'Chitinophagaceae' in the phylum Bacteroidetes, isolated from fresh water sediment[J]. International journal of systematic and evolutionary

microbiology,2009,59(10):2394-2399.

[77] 由阳.EBPR 系统中聚磷菌与聚糖菌的竞争和调控的基础研究[D].哈尔滨:哈尔滨工业大学,2008:67-80.

[78] 谭雪,石磊,马中,等.基于污水处理厂运营成本的污水处理费制度分析:基于全国 227 个污水处理厂样本估算[J].中国环境科学,2015,35(12):3833-3840.

[79] 边军,常杪,吴兰平,等.污水处理 BOT/TOT 项目的固定资产折旧问题[J].中国给水排水,2009,25(16):16-19.

[80] 原培胜.污水处理厂处理成本分析[J].环境工程,2008,26(2):55-57.